チャ太郎ドリル
夏休み編

ステップアップノート

小学1年生

もくじ

さんすう

こくご

こくごは　いちばん　うしろの
ページから　はじまるよ!

月　日

1　かずしらべ

こたえ 8ページ

おいしそうな　くだものが　いっぱーい！

どの　くだものが　なんこ　あるのかな？
おおすぎて　わからないよー。

どうすれば　わかりやすく　なるかな？

くだものの　かずだけ　いろを　ぬると，
かずの　おおい　すくないが　ひとめで
わかるぞ。

1　くだものの　かずだけ　いろを　ぬりましょう。

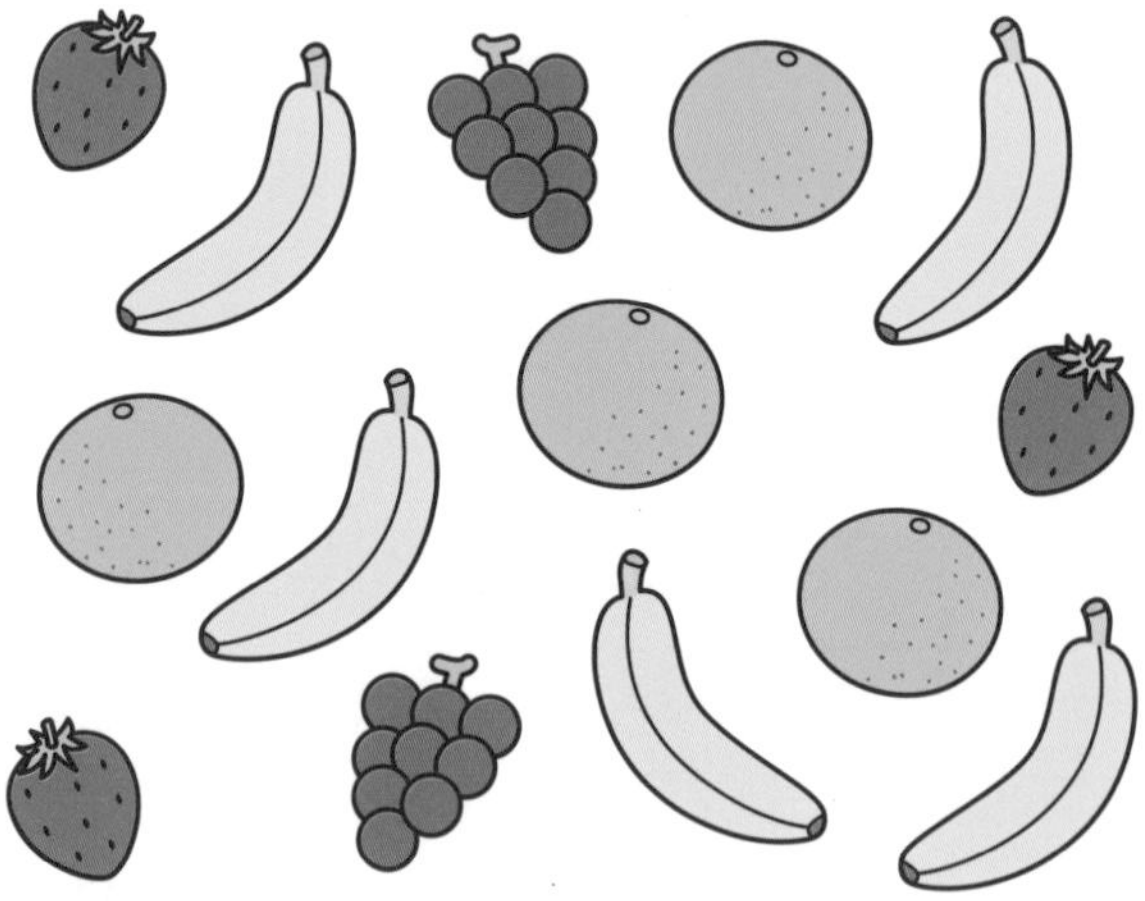

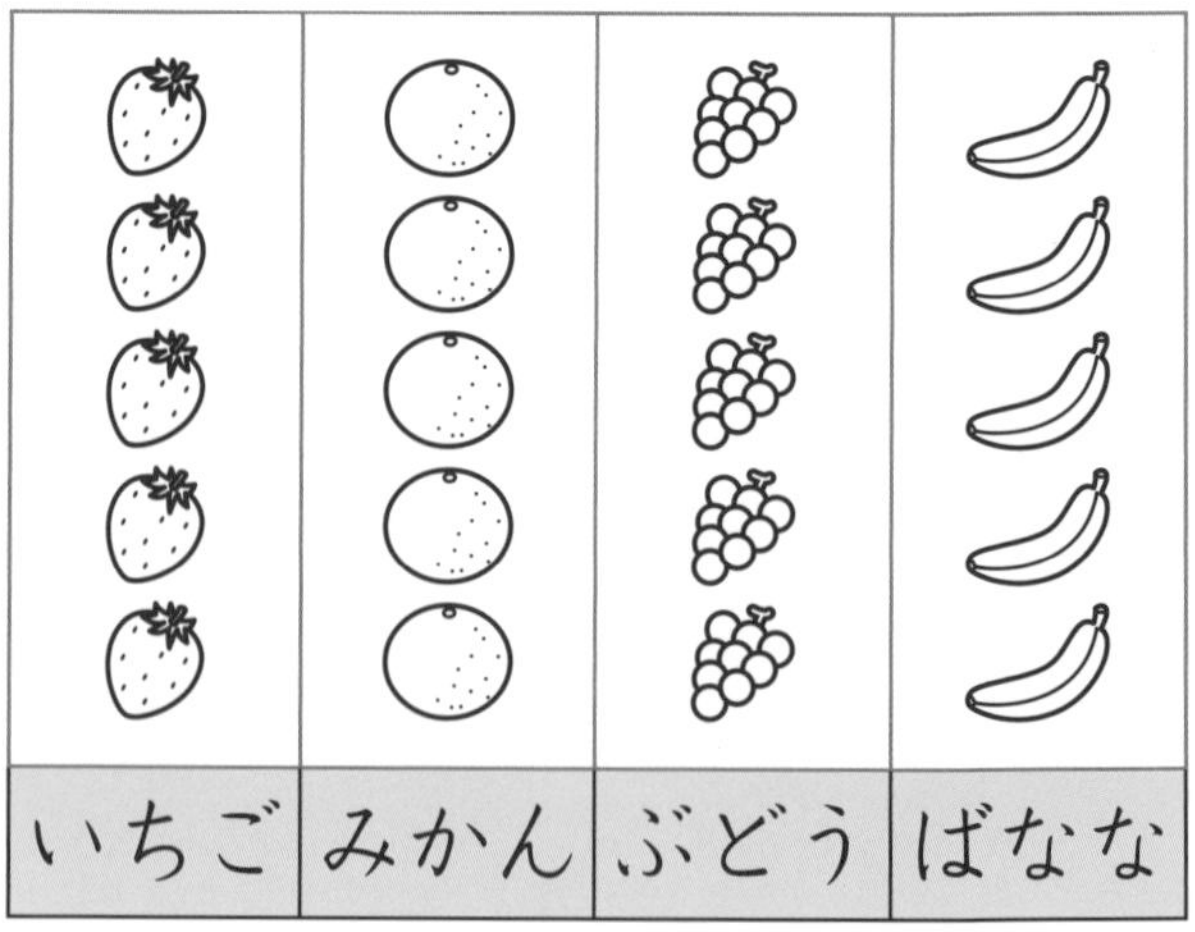

2　いちごは　なんこですか。

□こ

2　10より　おおきい　かず①

こたえ 8ページ

わあ！！　おだんごが
いっぱい！！

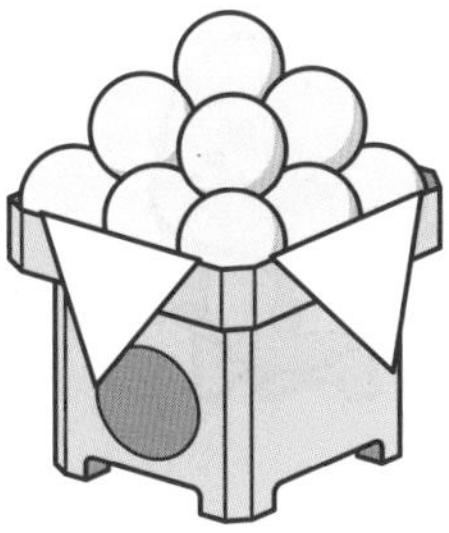

なんこ　あるのかな？

10こより　おおそうだから，
まずは　10この　まとまりを
つくって　かぞえて　みよう。

すばらしい！　10より　おおきい　かずは
10と　いくつで　かぞえると
わかりやすいのだ。

1　かずを　かぞえましょう。

①  □こ

②  □わ

2　□に　あてはまる　かずを　かきましょう。

①　16は　10と　□　　②　18は　□　と　8

3　10より　おおきい　かず②

こたえ 8ページ

10より　おおきい　かずの　ならびかたを
しらべて　みるのだ。

どうやって　しらべるの？

かずのせんを　みるのだ。
0から　じゅんばんに　かずが
ならんで　いるのだ。

かずのせんって　べんりだねー！

1　□に　あてはまる　かずを　かきましょう。

10 － □ － 12 － 13 － □ － 15

2　□に　あてはまる　かずを　かきましょう。

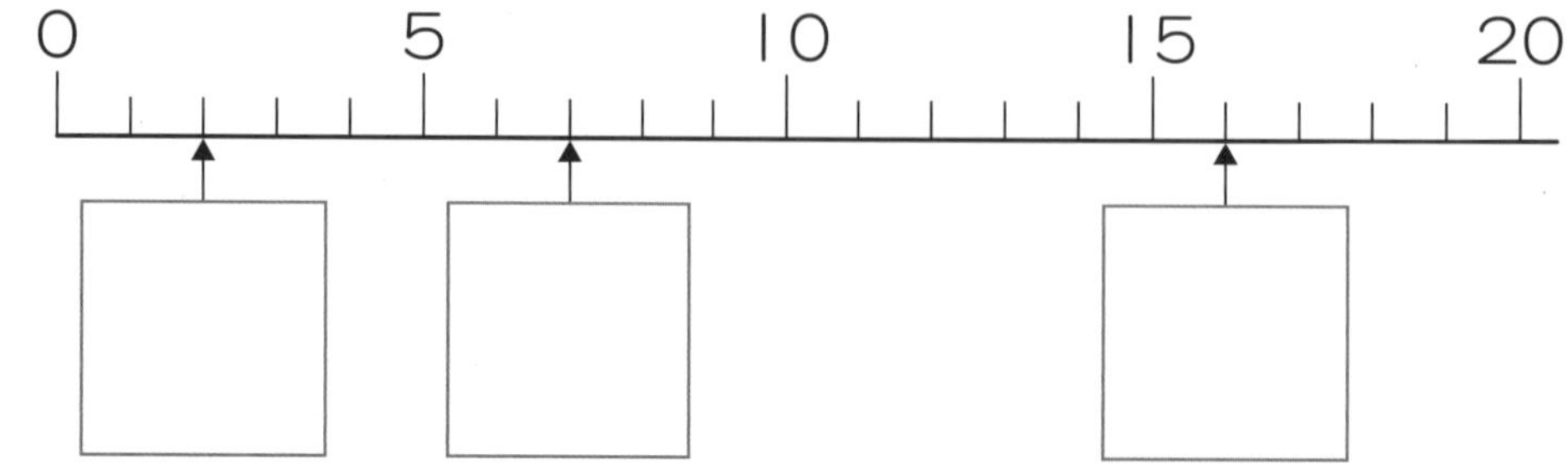

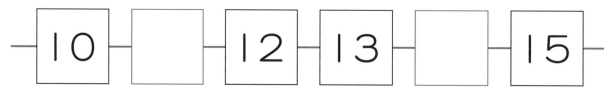

月　日

4　10より　おおきい　かず③

こたえ 8ページ

10より　おおきい　かずの
たしざんや　ひきざんを　かんがえて　みよう。

えっ！？む，むずかしそう……。

10と　いくつかを　かんがえて，
しきに　あらわして　みるのだ。
ずを　みて　かんがえれば，
わかりやすいぞ。

なるほど！なんだか　できそうだよ！

1　おまんじゅうは　なんこに　なりますか。

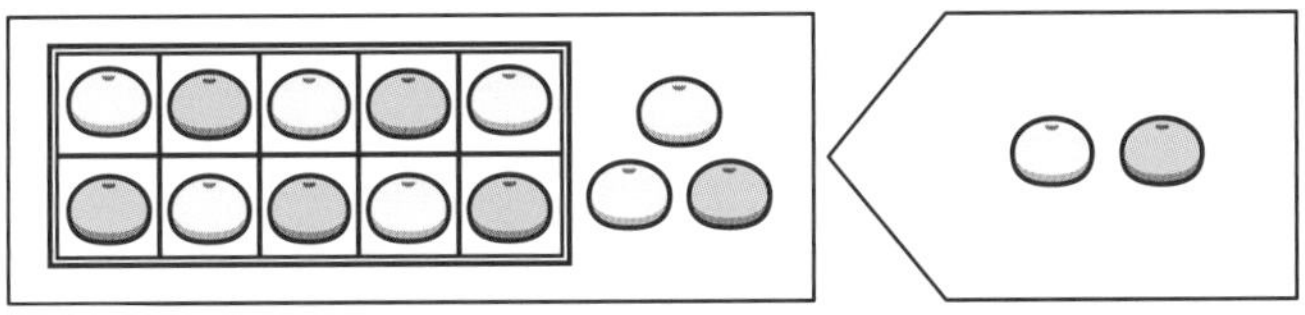

しき □ ＋ □ ＝ □　　こたえ □ こ

2　おりがみは　なんまいに　なりますか。

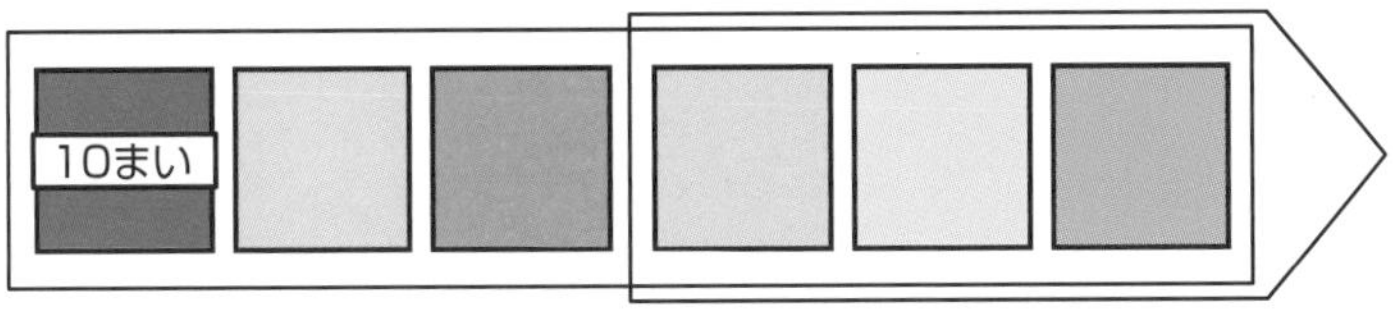

しき □ − □ ＝ □　　こたえ □ まい

□月□日

5　10より　おおきい　かず④

こたえ 8ページ

わ〜。おおきい　かずの　けいさんだ！

けいさん　できるかなぁ……。

だいじょうぶだ！
たしざんも　ひきざんも　まずは
10と　いくつに　なるかを　かんがえるのだぞ。

わからない　ときは　ブロックを　つかって
かんがえて　みると　できそうだね。

1　たしざんを　しましょう。

① 10＋2＝□　　② 13＋3＝□

③ 15＋4＝□　　④ 17＋1＝□

2　ひきざんを　しましょう。

① 18−8＝□　　② 15−3＝□

③ 19−5＝□　　④ 16−1＝□

月　日

6　なんじ　なんじはん

こたえ 8ページ

おなかが　すいたよ～。

もうすぐ　おやつの　じかんだね！

おやつの　じかんは　３じだぞ。
とけいの　はりは　どうなって　いるかな？

３じは　ながい　はりが　12,
みじかい　はりが　３を
さして　います。

さんすう

1　なんじですか。

① 

② 

③ 

2　なんじですか。また　なんじはんですか。

① 

② 

③ 

1 かずしらべ 2ページ

1

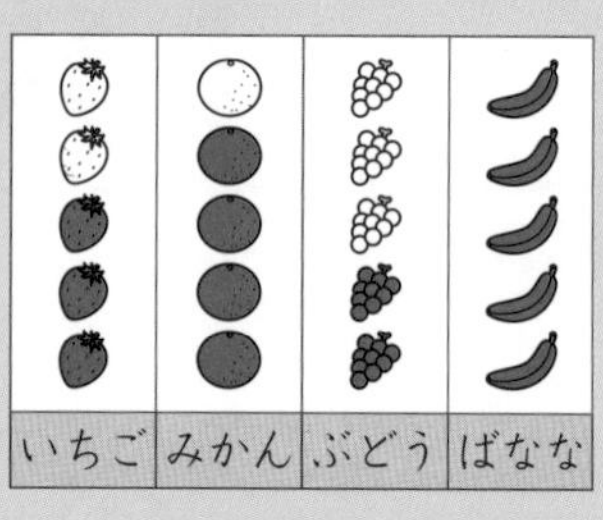

2 3こ

かんがえかた

1 グラフにまとめると，数の大きさや違いがわかりやすくなります。

2 1のグラフを見て答えましょう。

2 10より おおきい かず① 3ページ

1 ① 13こ ② 17わ

2 ① 6 ② 10

かんがえかた

1「10といくつ」で数えてみましょう。

2 十の位の「1」が「10」を表していることをおさえましょう。

3 10より おおきい かず② 4ページ

1 11，14

2 2，7，16

かんがえかた

1 右にいくにつれ，数が大きくなっています。

2 数の線を使って，数の順や大小を考えます。

4 10より おおきい かず③ 5ページ

1 [しき] 13＋2＝15

[こたえ] 15こ

2 [しき] 15−3＝12

[こたえ] 12まい

かんがえかた

1 10はそのままで，3と2をたします。

2 10はそのままで，5から3をひきます。

5 10より おおきい かず④ 6ページ

1 ① 12 ② 16 ③ 19

④ 18

2 ① 10 ② 12 ③ 14

④ 15

かんがえかた

1 くり上がりのないたし算の問題です。

2 くり下がりのないひき算の問題です。

6 なんじ なんじはん 7ページ

1 ① 8じ ② 2じ ③ 6じ

2 ① 7じ ② 11じはん

③ 4じはん

かんがえかた

1 長い針が「12」のとき，短い針のさしている数字を読んで「なんじ」と答えます。

2 長い針が「6」のとき，短い針が通り過ぎた数字を読んで「なんじはん」と答えます。

4 ものの　なまえ

12ページ

1

① ひまわり
② にわとり
③ ねこ
④ えんぴつ

かんがえかた

1 それぞれが何の仲間になっているのかを考えて、仲間はずれのものを探しましょう。①の「ひまわり」は花、②の「にわとり」は鳥、③の「ねこ」は動物、④の「えんぴつ」は文房具の仲間です。

5 ぶんしょうを　よむ

11ページ

1

① にんきの　ある　いぬは　かいぬしが
② ともだち

かんがえかた

1 ①犬についての説明文です。二段落目の文は主語が書かれていませんが、犬が主語です。「犬は……」を補って読んでみるとよいでしょう。
②最後の一文も、犬のことを説明していることに気づきましょう。

1 かたかなを　かく

15ページ

1

（省略）

かんがえかた

1 拗音《ようおん》「ャ」「ュ」「ョ」の書く位置に気をつけましょう。長音（伸ばす音）「ー」のある言葉は、声に出して読んでから書き、使い方に慣れておきましょう。長音を使った言葉が他にないか、お子さんと探してみましょう。

2 ぶんを　つくる

14ページ

1

「おはよう」。

かんがえかた

1 かぎ（「　」）は会話文に使われます。文章を読むときには、会話文と、会話文以外の部分（地の文）とを区別する習慣をつけましょう。かぎは書く位置をまちがえやすいので、気をつけましょう。

3 かんじを　かく

13ページ

1

（省略）

かんがえかた

1 初めての漢字の練習です。丸みのある形が多い平仮名と違って、線をまっすぐのばして書くことが多いことに着目させましょう。また、漢字には複数の読みがあるものが多く、送り仮名がつく場合もあることを理解しましょう。

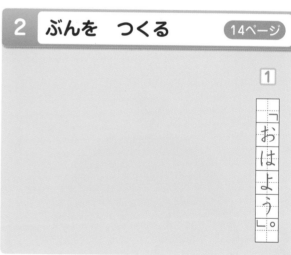

5　ぶんしょうを　よむ

こくご

月　日

こたえ　9ページ

こえに　だして
よんで　みるのだ。

おおきな　こえで
ゆっくりと　よもう。

1　つぎの　ぶんしょうを　よんで
こたえましょう。

いぬは、とても　にんきの　ある
ペットの　ひとつです。
かいぬしの　ことが　だいすきで、
いつも　そばに　いて　くれます。
いぬは　ずっと　むかしから、
にんげんの　そばで　くらして
きました。にんげんの　もっとも
ふるい　ともだちなのです。

(1)　ぶんしょうに　あう　ほうに　○を
つけましょう。

いぬは
・にんきの　ない
・にんきの　ある
ペット。

・かいぬしは　いぬが
・いぬは　かいぬしが
だいすきだ。

(2)　いぬは　にんげんに　とって、
どう　いう　ものですか。

もっとも　ふるい　□□□□　。

ぼくも　きみが
だいすきだよ！

4 ものの　なまえ

□月　□日

こたえ 9ページ

ほしい　おはなは　どれかな。

あの　きれいな　おはなが　ほしい！

どれも　きれいな　おはなばかりだよ。

なんて　いえば　いいのかなぁ。

ものには、ひとつひとつに　なまえが　ついて　いて、ひとつひとつの　ものを、まとめて　つけた　なまえも　あるぞ。

おはな ｛あさがお・さくら・ばら｝

なかまわけを　して　みよう。

1　つぎの　ものの　なまえの　うち、なかまはずれに　○を　つけましょう。

① りんご・みかん・ひまわり

② あじ・にわとり・さば

③ ねこ・ばった・かまきり

④ あか・あお・えんぴつ

①は　くだもの、②は　さかな、③は　むし、④は　いろの　なかまだね。

3 かんじを かく

こくご

□月 □日

こたえ 10ページ

1から
10までの
かんじだね。

これが
かんじ!
カッコイイ。

一	いち	ひとつ
二	に	ふたつ
三	さん	みっつ
四	し・よん	よっつ
五	ご	いつつ
六	ろく	むっつ
七	しち・なな	ななつ
八	はち	やっつ
九	きゅう・く	ここのつ
十	じゅう	とお

1から 10までの かんじを こえに
だして よんで みよう。
「ひとつ・ふたつ……」と よむ ときは、
「一つ・二つ・三つ……」のように、
「つ」を つけるのだ。

1 つぎの □の かんじを、なぞって かきましょう。

一《ひと》つ　四《よっ》つ　七《なな》つ　十《とお》

二《ふた》つ　五《いつ》つ　八《やっ》つ

三《みっ》つ　六《むっ》つ　九《ここの》つ

かんじの よみかたは
一《ひと》つとは かぎらないのだ。

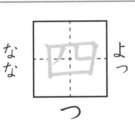

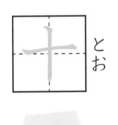

2 ぶんを　つくる

月　日

こたえ　10ページ

えを　みて
ぶんを
つくったよ。

うさぎが　ひまわりに、
おはよう。
と　いいました。

なにか
たりないよ。

はなした
ことばは、
かぎ（「　」）で
かこむのだ。

「
」。

うさぎが　ひまわりに、
「おはよう。」
と　いいました。
が　ただしい
ぶんだぞ。

1　つぎの　ぶんに　かぎ（「　」）を
つけ、じを　なぞりましょう。

ひまわりも、
おはよう。
と　いって　わらいました。

「　」を　かく　ばしょに
きを　つけようね。

1 かたかなを かく

こくご

月 日

こたえ 10ページ

おいしい おやつの なまえを かたかなで かけるかな？

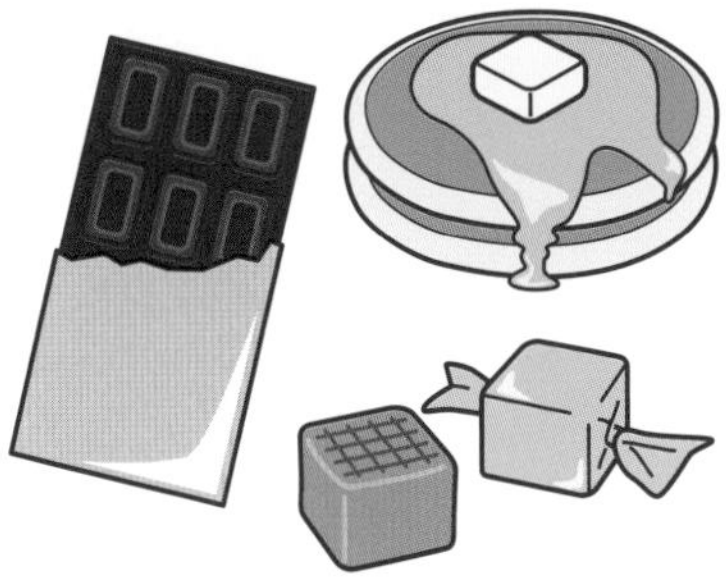

「ほっとけえき」が いちばん すき！

「ちょこれえと」を たべたいな。

がいこくから きた ことばを、かたかなで かく ことが あるぞ。
のばす おんは 「ー」で あらわすのだ。
ひらがなで ちいさく かく じは、かたかなでも みぎうえに ちいさく かくのだ。

- ホットケーキ
- チョコレート
- キャラメル

1 えに あう かたかなを かきましょう。

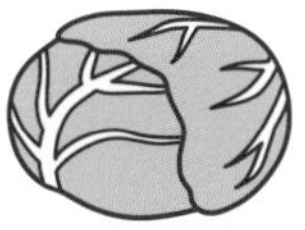

キャベツ

クッキー

ジュース

ひらがなだと、「きゃべつ」「くっきい」「じゅうす」だね。

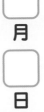

チャ太郎ドリル
夏休み編

ステップアップノート 小学1年生

こくごは　ここから　はじまるよ！

さんすうは　はんたいがわの
ページから　はじまるのだ!

本誌・答え

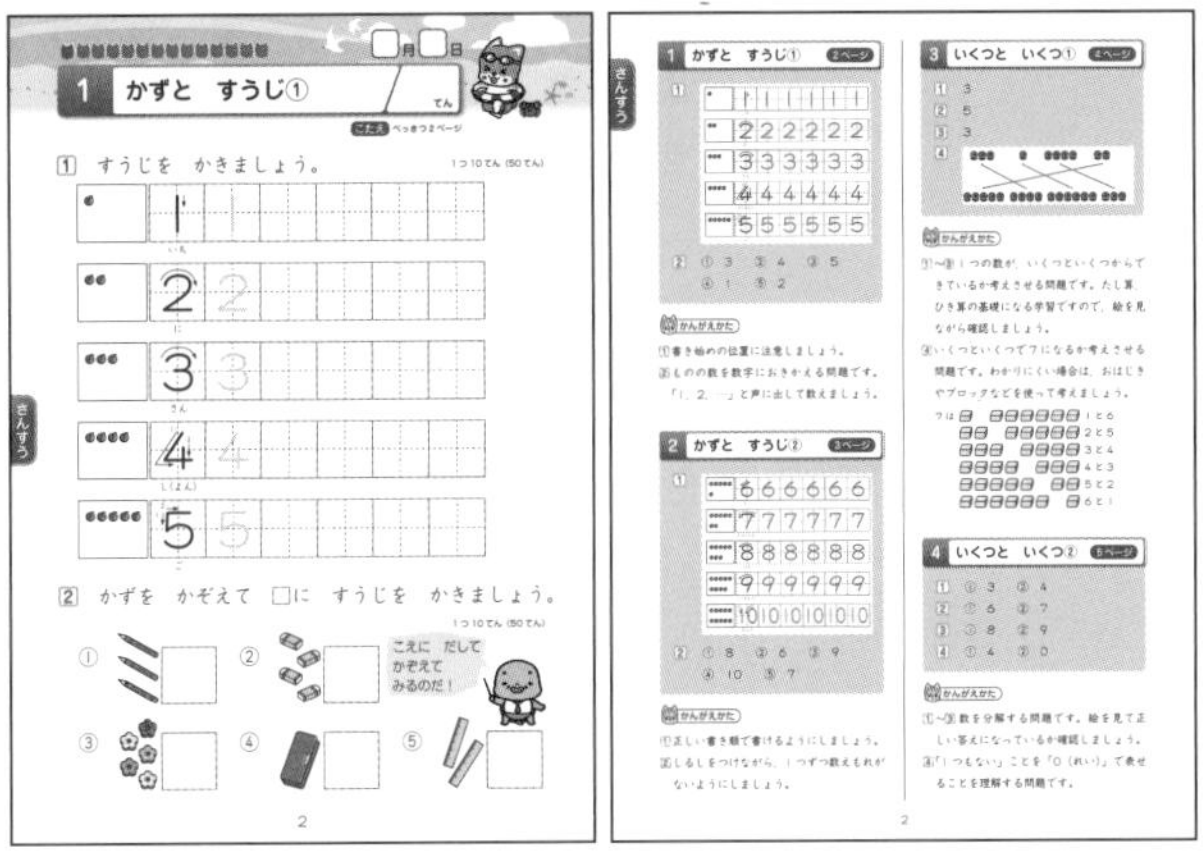

算数は，１学期の確認を10回に分けて行い，最後にまとめ問題を４回分入れています。国語は，１学期の確認を14回に分けて行います。１回分は１ページで，お子様が無理なくやりきることのできる問題数にしています。

ステップアップノート

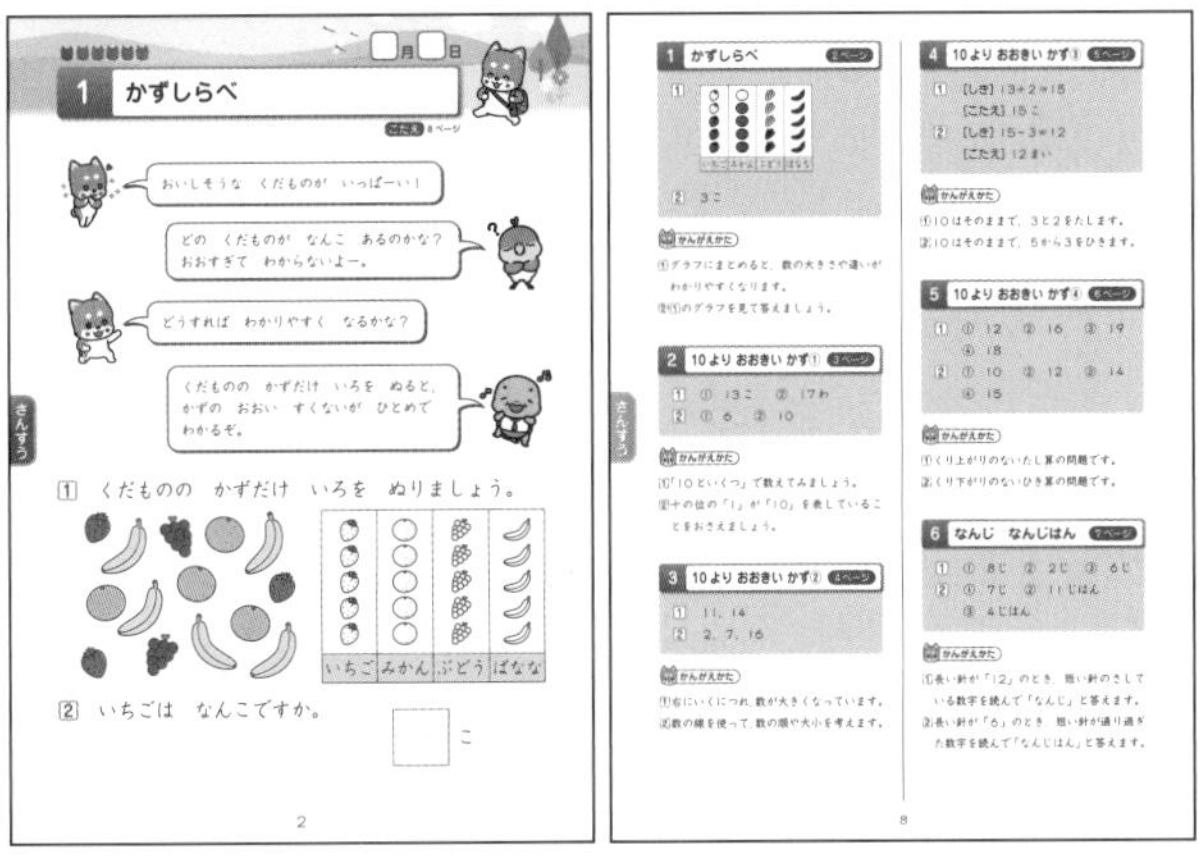

２学期の準備を，算数は６回，国語は５回に分けて行います。チャ太郎と仲間たちによる楽しい導入で，未習内容でも無理なく取り組めるようにしています。答えは，各教科の最後のページに掲載しています。

特別付録：ポスター「１年生で習う漢字」「英語×すうじ」

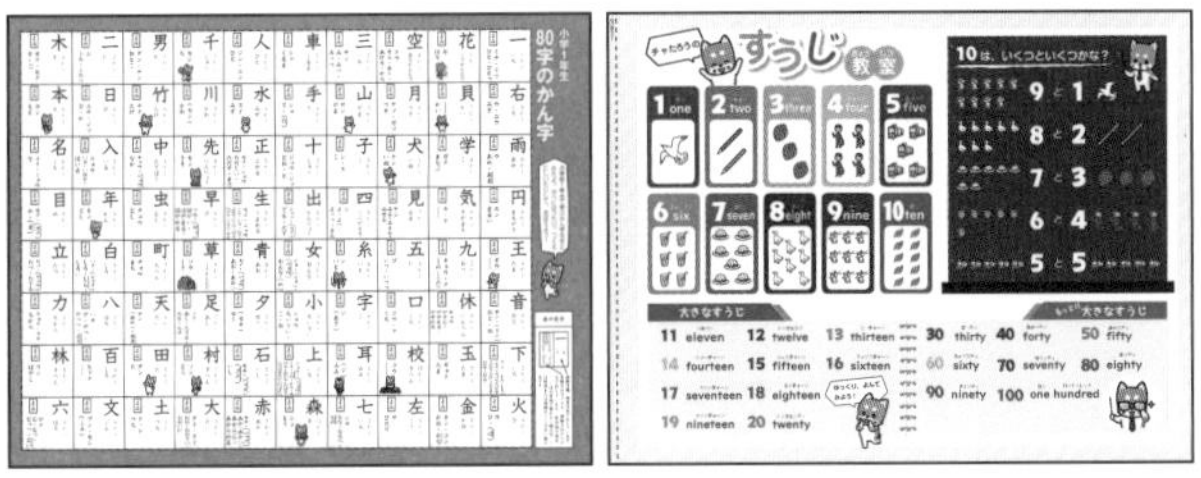

お子様の学習に対する興味・関心を引き出すポスターです。「英語×すうじ」のポスターでは，ところどころに英単語を載せ，楽しく英単語を覚えられるようにしています。

本書の使い方

まず，本誌からはじめましょう。本誌の問題をすべて解き終えたら，ステップアップノートに取り組みましょう。

①１日１回分の問題に取り組むことを目標にしましょう。

②問題を解いたら，答え合わせをしましょう。「かんがえかた」も必ず読んで，理解を深めましょう。

③答え合わせが終わったら，巻末の「わくわくカレンダー」に，シールを貼りましょう。

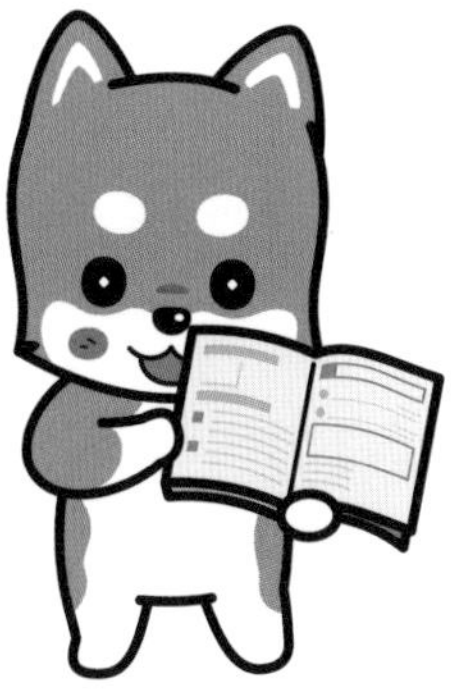

チャ太郎ドリル　夏休み編　小学1年生

さんすう

もくじ

こくごは
はんたいがわの　ページから
はじまるよ!

チャ太郎《たろう》シール

キョンと
まつじいもいるよ！

ドリルをやったら巻末《かんまつ》の「夏休《なつやす》みわくわくカレンダー」に
シールをはりましょう。あまったら自由《じゆう》に使《つか》いましょう。

チャ太郎《たろう》

キョン

まつじい

さんすう

いよいよ なつやすみだー!!
たのしみ なのだ!
やったー!
この ひは うみに いって…… この ひは かきごおり……
さっそく けいかくを たてるのだ!
そうだ! やまにも いって むしも つかまえ よう!
花火セット
はなびも したいね!
キャッ キャッ
すいかも たべる!
おまつりにも いこう!
ふたりとも…… あそぶのも だいじじゃが、 1がっきの ふくしゅうも するのだぞ……。

月　日

1 かずと　すうじ①

てん

こたえ べっさつ2ページ

1 すうじを　かきましょう。

1つ10てん（50てん）

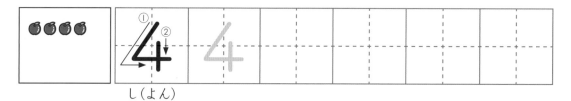

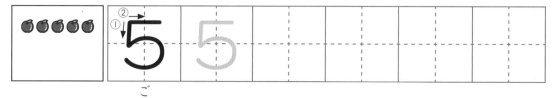

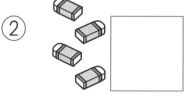

1《いち》

2《に》

3《さん》

4《し(よん)》

5《ご》

2 かずを　かぞえて　□に　すうじを　かきましょう。

1つ10てん（50てん）

①  □

② 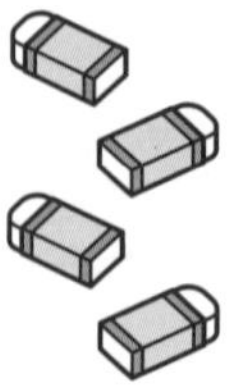 □

③  □

④  □

⑤  □

月　日

2 かずと　すうじ②

てん

こたえ べっさつ2ページ

1 すうじを　かきましょう。

1つ10てん（50てん）

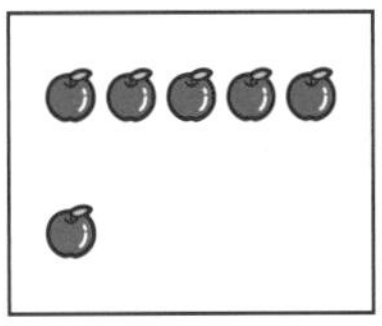

6《ろく》 6

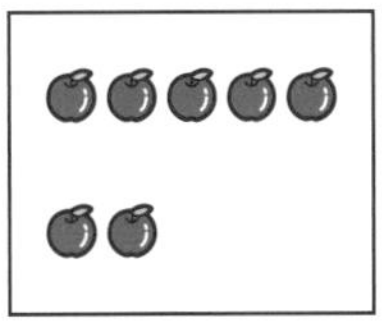

①②7《しち(なな)》 7

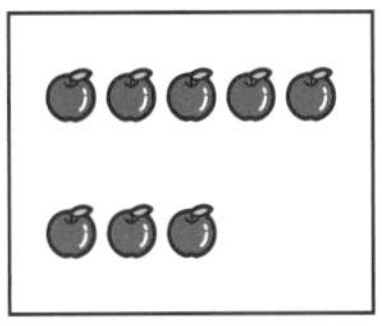

8《はち》 8

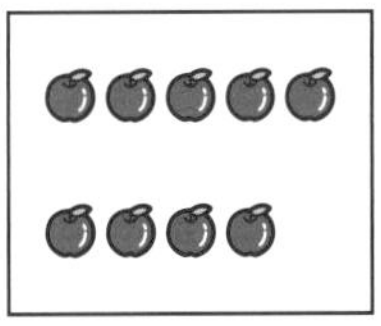

9《く(きゅう)》 9

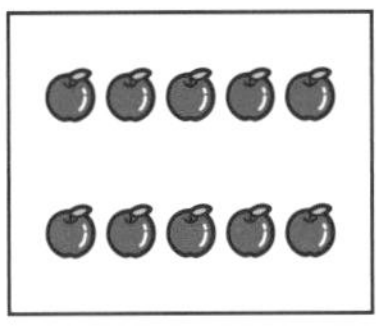

①②10《じゅう》 10

2 かずを　かぞえて　□に　すうじを　かきましょう。

1つ10てん（50てん）

①  □

②  □

しるしを　つけて
じゅんに
かぞえよう。

③ 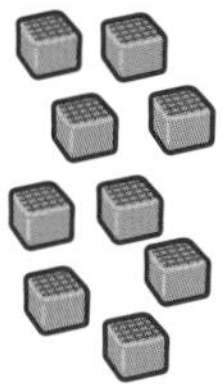 □

④  □

⑤ 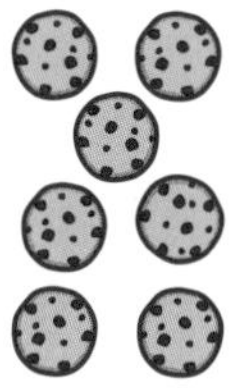 □

さんすう

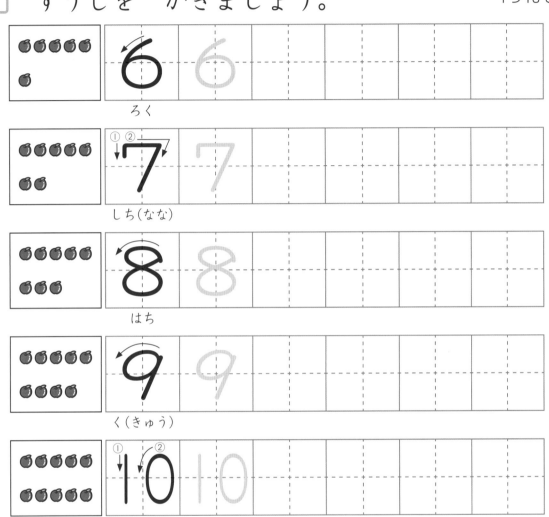

3　いくつと　いくつ①

てん

こたえ　べっさつ2ページ

1　5は　いくつと　いくつですか。(20てん)

5は　2と　□

2　6は　いくつと　いくつですか。(20てん)

6は　1と　□

3　7は　いくつと　いくつですか。(20てん)

7は　4と　□

4　が　7ほんに　なるように　•—•《せん》で
むすびましょう。　1つ10てん（40てん）

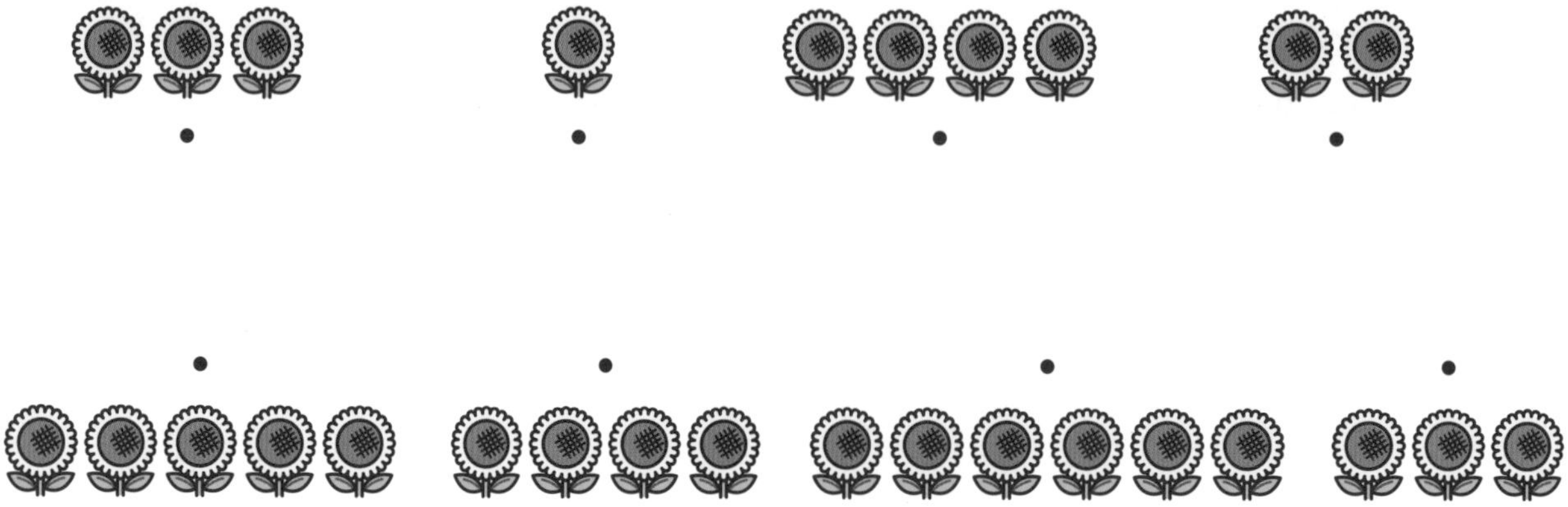

4 いくつと いくつ②

てん

こたえ べっさつ2ページ

1 8は いくつと いくつですか。 1つ10てん（20てん）

① 8は 5と

② 8は 4と

2 9は いくつと いくつですか。 1つ10てん（20てん）

① 9は 3と

② 9は 2と

3 10は いくつと いくつですか。 1つ10てん（20てん）

① 10は 2と

② 10は 1と

4 みかんの かずを かきましょう。 1つ20てん（40てん）

①

②

月　日

5 なんばんめ①

てん

こたえ べっさつ3ページ

1 いろを　ぬりましょう。　1つ20てん（60てん）

① まえから　3わ

② まえから　3わめ

③ うしろから　4わめ

2 □に　あてはまる　かずを　かきましょう。

1つ20てん（40てん）

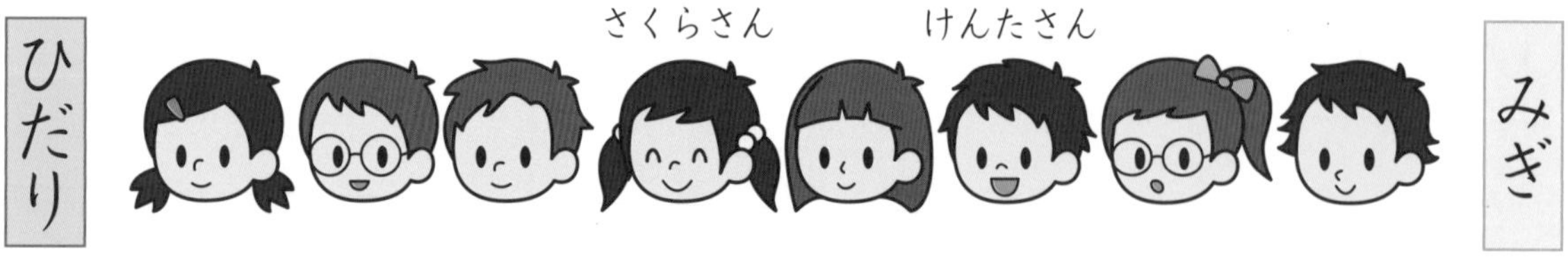

① さくらさんは　みぎから　□　ばんめです。

② けんたさんは　ひだりから　□　ばんめです。

月　日

6 なんばんめ②

てん

こたえ べっさつ3ページ

1 □に　あてはまる　かずを　かきましょう。

1つ15てん（60てん）

うえ
した

① は　うえから　□　ばんめです。

② は　したから　□　ばんめです。

③ は　うえから　□　ばんめ，

したから　□　ばんめです。

どこから
かぞえよう
かな。

2 □に　あてはまる　かずや　ことばを　かきましょう。

1つ20てん（40てん）

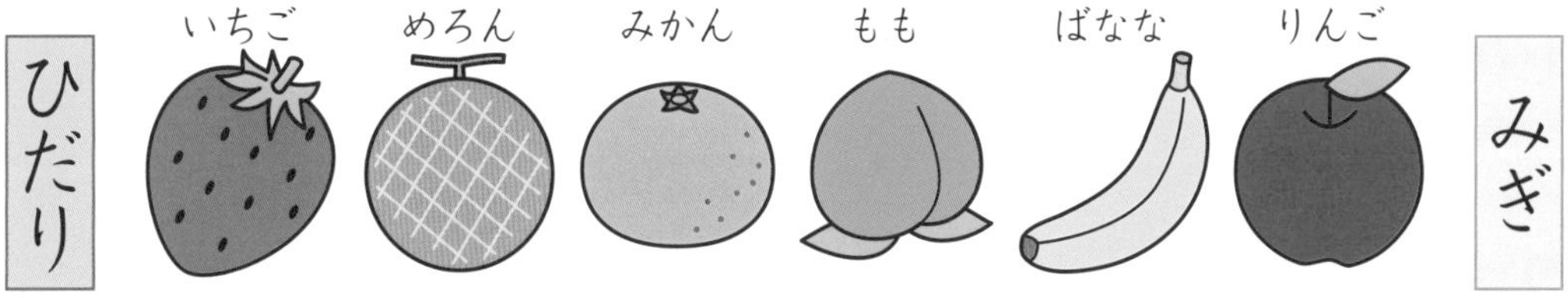

ひだり
いちご
めろん
みかん
もも
ばなな
りんご
みぎ

① は　みぎから　□　ばんめです。

② ひだりから　５ばんめは　□　です。

さんすう

7 たしざん①

こたえ べっさつ3ページ

1 しきを　かきましょう。　　しき 10 てん，こたえ 10 てん（40 てん）

① あわせて　なんぼんですか。

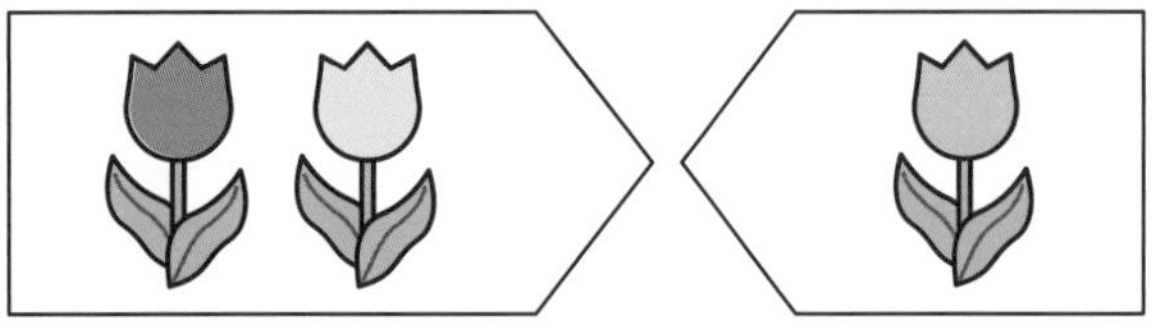

2ほん　　1ぽん

しき

□＋□＝□

こたえ　□ぼん

② ふえると　なんわですか。

3わ　　2わ

しき

□＋□＝□

こたえ　□わ

2 たしざんを　しましょう。　　1つ 10 てん（60 てん）

① 2＋4＝□　　② 3＋5＝□

③ 1＋7＝□　　④ 4＋4＝□

⑤ 5＋2＝□　　⑥ 6＋1＝□

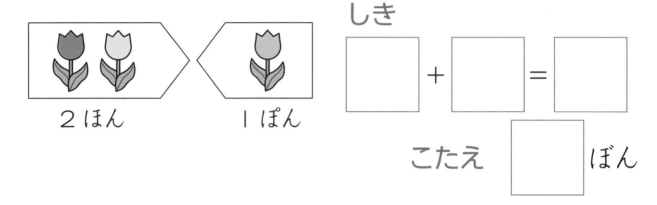

8　たしざん②

てん

こたえ　べっさつ4ページ

1　あおいさんが　いちごを　３こ，まさとさんが　５こ　たべました。
あわせて　なんこ　たべましたか。

しき15てん，こたえ15てん（30てん）

しき □ ＋ □ ＝ □　　こたえ □ こ

2　いぬが　４ひき　います。
あとから　２ひき　くると
ぜんぶで　なんびきに　なりますか。

しき15てん，こたえ15てん（30てん）

しき □　　こたえ □ ぴき

3　こうえんに　おとこのこが　６にん　います。
そこに　おんなのこが　４にん　きました。
みんなで　なんにんに　なりましたか。

しき20てん，こたえ20てん（40てん）

しき □

こたえ □ にん

ただしく
しきと　こたえが
かけたかな？

9 ひきざん①

こたえ べっさつ4ページ

1 しきを　かきましょう。　しき10てん，こたえ10てん（40てん）

① のこりは　なんだいですか。

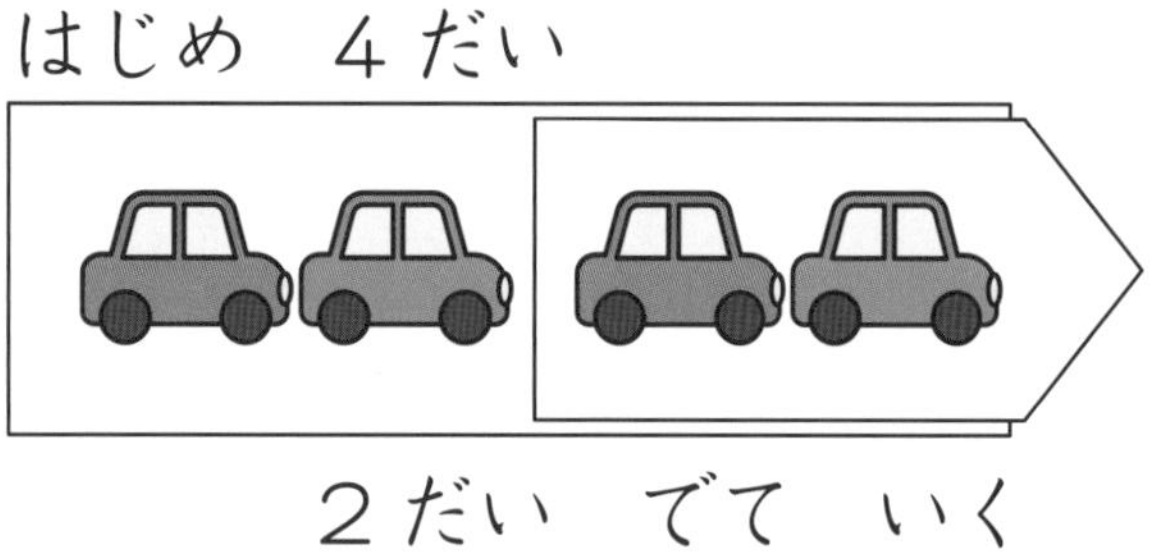
はじめ　4だい
2だい　でて　いく

しき

□ － □ ＝ □

こたえ □ だい

② ちがいは　なんこですか。

5こ
3こ

ちがいは　なんこ

しき

□ － □ ＝ □

こたえ □ こ

2 ひきざんを　しましょう。　1つ10てん（60てん）

① 3－1＝□　② 5－2＝□

③ 8－4＝□　④ 10－2＝□

⑤ 7－3＝□　⑥ 6－5＝□

おちついて
ひきざん
するのだ。

10 ひきざん②

□月□日

てん

こたえ べっさつ5ページ

1 おりがみを　8まい　もって　います。ともだちに　5まい　あげると，のこりは　なんまいに　なりますか。　しき15てん，こたえ15てん（30てん）

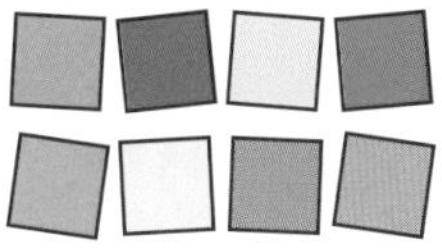

しき □ − □ ＝ □　　こたえ □ まい

2 あかい　はなが　6ぽん　さいて　います。きいろい　はなが　3ぼん　さいて　います。かずの　ちがいは　なんぼんですか。

しき15てん，こたえ15てん（30てん）

しき □　　こたえ □ ぼん

3 りんごが　10こ　あります。みかんが　4こ　あります。りんごは　みかんより　なんこ　おおいですか。

しき20てん，こたえ20てん（40てん）

しき □

10から　4を
ひけば　いいね。

こたえ □ こ

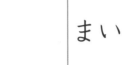

おもいだしてみよう

1　やどかりは　あわせて　なんびきですか。

しき　□　＋　□　＝　□　　こたえ　□　ひき

2　のこった　かぶとむしは　なんびきですか。

しき　□　−　□　＝　□　　こたえ　□　ひき

こたえ　1　しき2+5=7　こたえ7ひき　2　しき8−3=5　こたえ5ひき

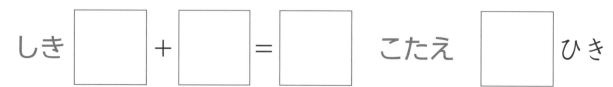

11 まとめもんだい①

かずと　すうじ

てん

こたえ べっさつ5ページ

1　おなじ　かずを　•—•《せん》で　むすびましょう。

1つ10てん（60てん）

4　・	・　
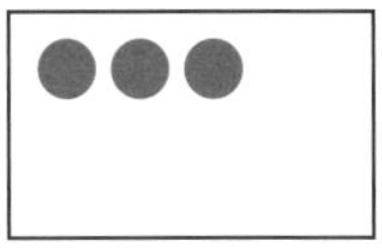　・	・　1
5　・	・　
　・	・　3
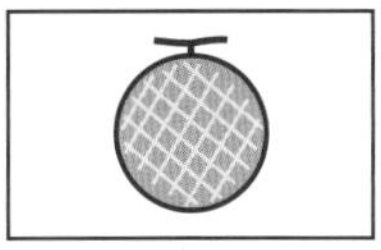　・	・　
2　・	・　6

2　かずが　おおきい　ほうに　◯を　つけましょう。

1つ10てん（20てん）

① 7　5
（　　）（　　）

② 8　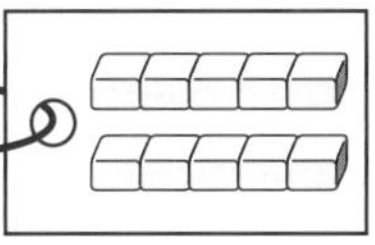
（　　）（　　）

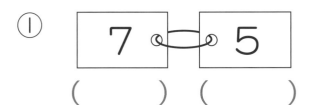

3　□に　あてはまる　かずを　かきましょう。

1つ10てん（20てん）

6 — □ — 8 — □ — 10

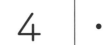

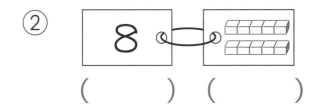

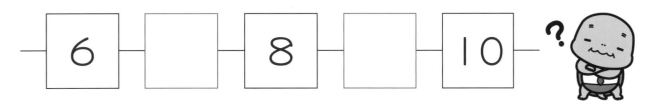

12 まとめもんだい②
いくつと　いくつ，なんばんめ

てん

こたえ べっさつ6ページ

1 □に　あてはまる　かずを　かきましょう。

1つ10てん（60てん）

① 5は　3と □

② 6は　2と □

③ 7は　1と □

④ 8は　6と □

⑤ 9は　4と □

⑥ 10は　7と □

2 ✿が　10こ　あります。かくれて　いる　✿の　かずは　なんこですか。

（10てん）

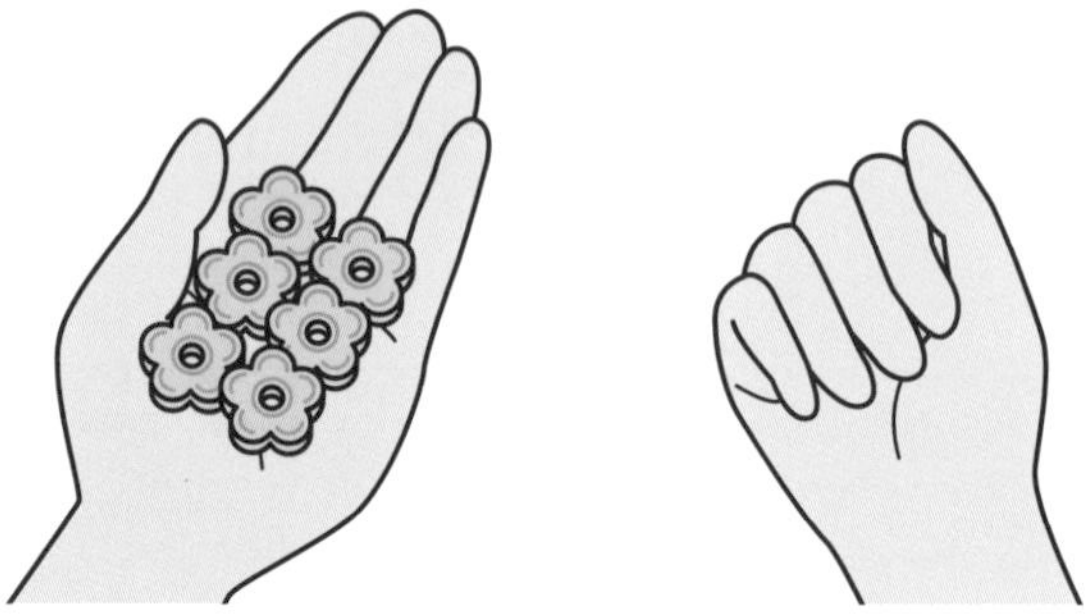

□こ

3 ⬭で　かこみましょう。

1つ15てん（30てん）

① まえから　5にん

まえ
うしろ

どこから
かぞえ
ようかな。

② うしろから　5にんめ

まえ
うしろ

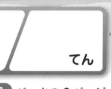

13 まとめもんだい③
たしざん

てん

こたえ　べっさつ6ページ

1　たしざんを　しましょう。　　1つ10てん（60てん）

① 2＋2＝□　　② 6＋2＝□

③ 5＋1＝□　　④ 7＋3＝□

⑤ 3＋2＝□　　⑥ 0＋5＝□

2　すいそうに　きんぎょが
6ぴき　います。
　そこへ　3びき　いれる
と　ぜんぶで　なんびきに
なりますか。

しき20てん，こたえ20てん（40てん）

しき □

こたえ □ ひき

「ぜんぶで」
だから
たしざんだね。

その　とおり
なのだ！

14 まとめもんだい④
ひきざん

てん

こたえ べっさつ6ページ

1 ひきざんを　しましょう。　1つ10てん（60てん）

① 4−2=□　　② 6−3=□

③ 8−5=□　　④ 7−1=□

⑤ 5−4=□　　⑥ 10−8=□

2 さつきさんは　すなはまで　かにを　5ひき
つかまえました。2ひきを　おとうとに　あげました。
のこりは　なんびきに　なりましたか。

しき20てん，こたえ20てん（40てん）

しき □

こたえ □ びき

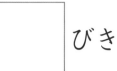

14 ぶんしょうを よむ③

てん

こくご

月　日

こたえ べっさつ7ページ

1 つぎの ぶんしょうを よんで こたえましょう。

よる、たぬきの ぽんたと おとうさんは、おかの うえに つきました。まっくらで なにも みえません。

どおん。

まちの ほうから、とても おおきな おとが きこえました。

「あっ、なに。あかるい。はなみたい。」

「そうだね。はなびだよ。」

ぽんたは くちを ぽかんと あけて、じっと はなびを みあげました。

① ぽんたは だれと いっしょに、なにを みましたか。一つ30てん(60てん)

（　　　　）と いっしょに、

（　　　　）を みた。

② ぽんたが みた ものは、なにに にて いましたか。(40てん)

（　　　　）

のこりの なつやすみは うみへ いこう!
うみより やまへ いきたいな! もちろん、まつじいも♡
あれっ! まつじいは!?
おんせんは つかれが とれるなぁ。

13 しを よむ②

てん

月　日

こたえ　べっさつ7ページ

1 つぎの　しを　よんで　こたえましょう。

とんとん

とんとん。ちいさな　おと。
あかちゃんが、つみきで
おうちを　つくって　いる。
とんとんとんとん。おおきな　おと。
だいくさんが、かなづちで
おうちを　たてて　いる。
とんとんとんとんとんとん……。
きこえるかな。
きつつきさんが、くちばしで
おうちを　ほって　いる。

(1) 「とん」は　なにを　つくる　おとですか。(25てん)

(2) なにを　つかって　つくりましたか。一つ25てん(75てん)

あかちゃん

だいくさん

きつつきさん

こくご

12 ぶんを つくる④

てん

こくご

月　日

こたえ べっさつ8ページ

1 えに あうように、ひらがなの まちがいを なおしましょう。

一つ10てん（70てん）

きのお、じてんしやで びょういんを いつた。かえりに かきごうりお たべた。

2 つぎの □ の ことばを つかって ぶんを つくりましょう。

（30てん）

ぎょうざ　する　はっぴょう
にんじゃ　はしる　たべる

おわりに「。」を つけるのだぞ。

11 ひらがなを　かく⑤

てん

月　日

こたえ　べっさつ8ページ

1 「っ」の　つく　ことばで　しりとりを　しましょう。　一つ10てん(40てん)

に	こ	き	
ら			
め	き		
っ			
こ			ん

（に → こ → き → ）

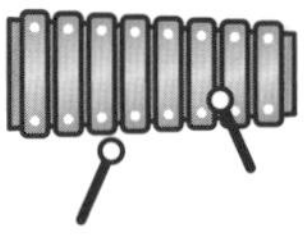

2 つぎの　ぱずるの　■に　はいる　ひらがなを　かきましょう。　一つ12てん(60てん)

				①	
	お			き	
	ち		り	②	う
し	⑤	ち	③	う	
			④		
			う		

⑤	④	③	②	①

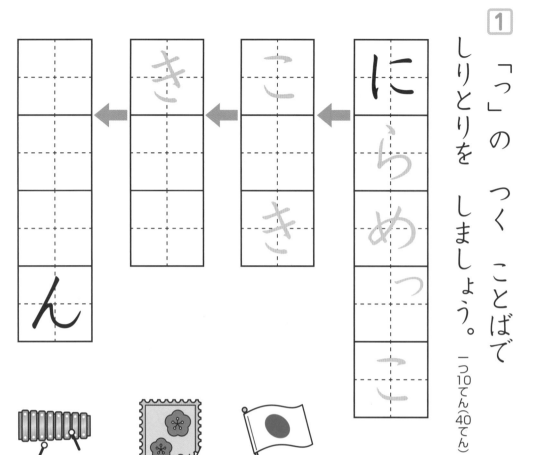

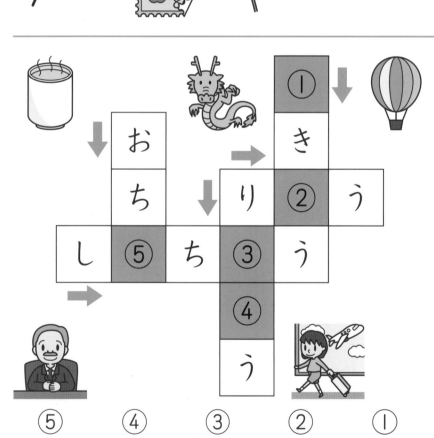

おもいだしてみよう

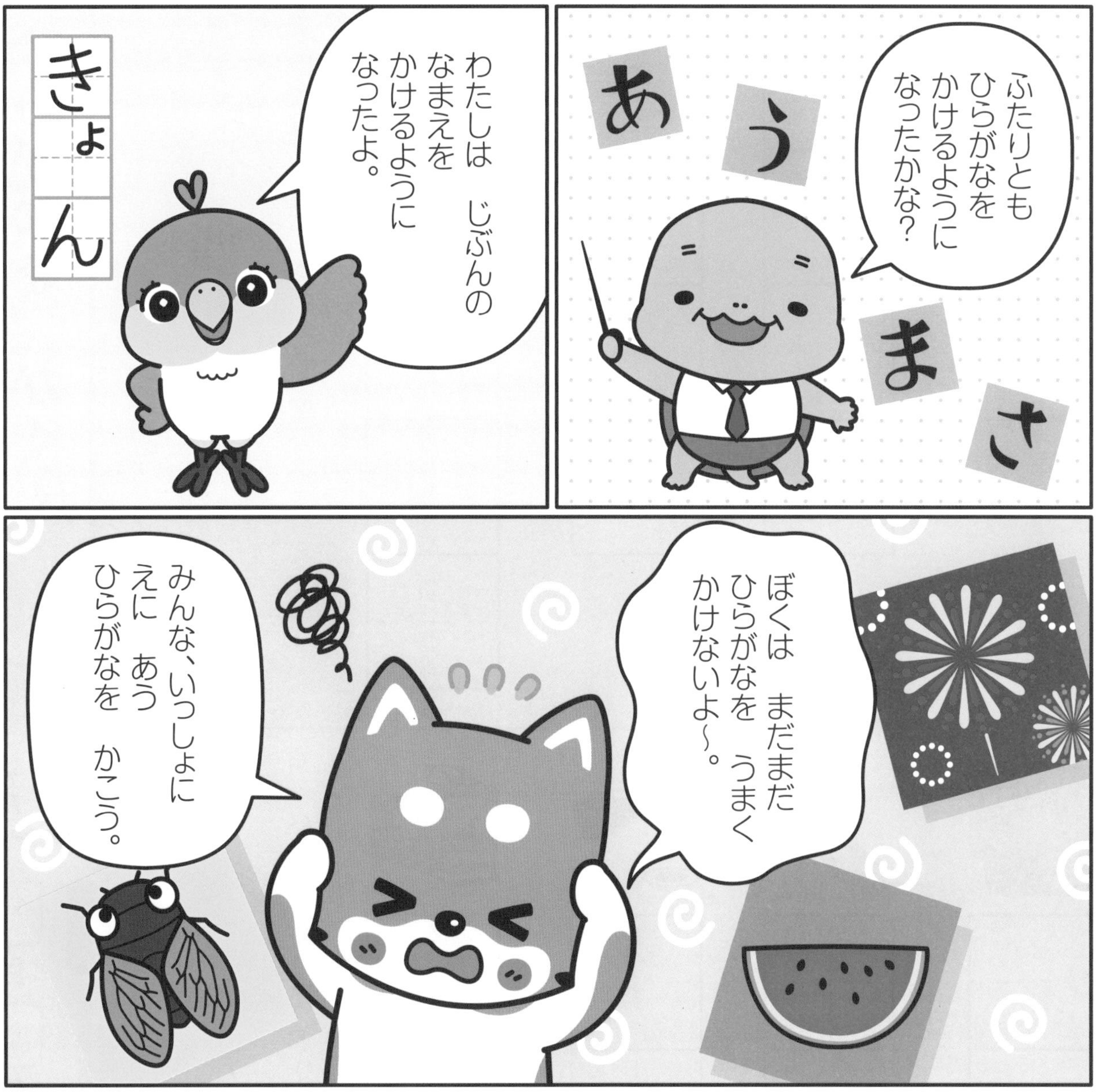

つぎの ひらがなを かきましょう。

なつ

す　か

　み

は

こたえ　すいか・せみ・はなび

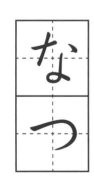

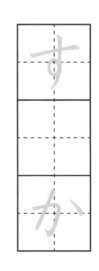

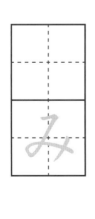

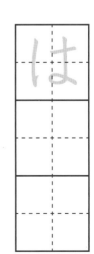

10 ひらがなを　かく④

てん

月　日

こたえ　べっさつ8ページ

1 えに　あう　ひらがなを　かきましょう。 一つ10てん(40てん)

お

ふう

お

2 えに　あう　ひらがなを　かきましょう。 一つ15てん(60てん)

や

よ

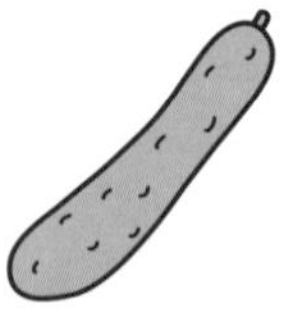

ゆ

じゅ

こくご

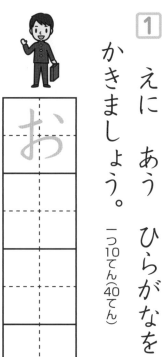

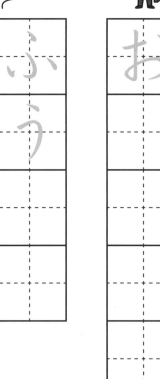

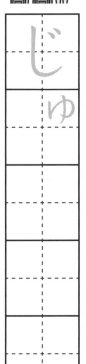

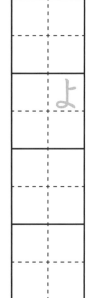

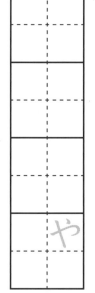

9 ぶんしょうを よむ②

てん

月　日

こたえ べっさつ9ページ

1 つぎの ぶんしょうを よんで こたえましょう。

きょうも つきが そらへ のぼって きました。つきは あかるく ひかって います。

しかし、はれて いるのに、つきが みえない よるも あります。なぜでしょうか。

じつは、その ひは、つきは ひるまに そらに のぼって います。あおい そらに、しろい つきが みえると、とても きれいです。

(1) つぎの（　）の うち、あう ほうに、○を つけましょう。 一つ30てん(60てん)

つきが そら（は・へ） のぼる。

つき（を・は） あかるく ひかる。

(2) つきが よるに みえない ひは、つきは どうして いますか。(40てん)

［　　　　］に そらに のぼって いる。

つきは いつ みえるのかな?
?

8 ぶんを つくる③

てん

月 日

こたえ べっさつ9ページ

1 □に、「は」「を」「へ」の どれかを いれましょう。 一つ10てん(40てん)

いぬ［は］ほえる。
いぬ［を］かう。

いぬ［ ］はしる。
えき［ ］はしる。

2 つぎの（ ）の うち、あう ほうに、○を つけましょう。 一つ10てん(60てん)

① ほん（へ・を）かう。

② とり（は・へ）なく。

③ すいとう（を・へ）がっこう（へ・は）とどける。

④ おねえさん（を・は）、うた（へ・を）うたう。

こくご

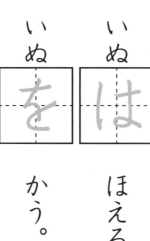

てん

月 日

こくご

こたえ べっさつ9ページ

1 えを みて、「っ」の つく ことばを、ひらがなで かきましょう。 一つ10てん（40てん）

はっぱ

ざっ

ほた

っ

2 つぎの ことばを、ただしく かきなおしましょう。 一つ20てん（60てん）

「らつこ」

↓ っ

「はらつぱ」

↓

「がつき」

↓

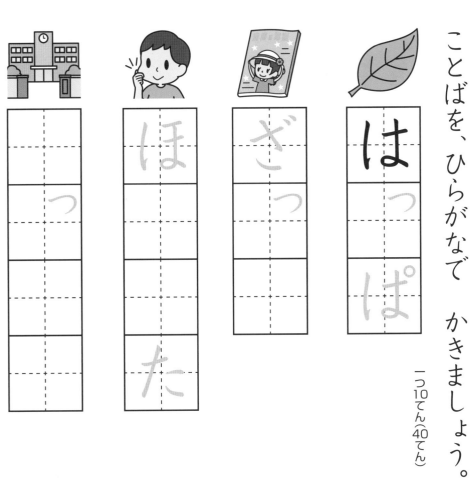

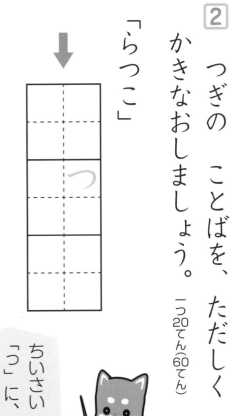

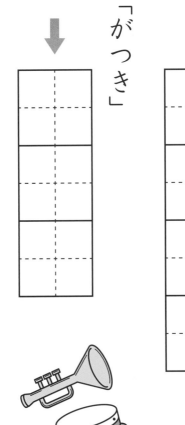

1 つぎの ぶんしょうを よんで こたえましょう。

くまさんに てがみが とどきました。

くまさんへ
どようびに、
たんぽぽの ひろばで
あそびましょう。
ぱんだより

くまさんは にっこりしました。

① だれからの てがみですか。（50てん）

□ さんからの てがみ。

② ぱんださんは いつ、どこで あそびたいと おもって いますか。 一つ25てん（50てん）

いつ □

どこで □ の ひろば。

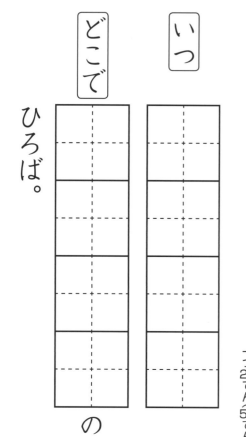

5 ぶんを つくる②

てん

こくご

月　日

こたえ べっさつ10ページ

1 えに あう ぶんを つくりましょう。 一つ25てん(50てん)

こ　が
は　。

が　。

まる(。)を つけるぞ。

2 したの ことばを つかって、ぶんを ふたつ つくりましょう。 一つ25てん(50てん)

さ　が
。

う　が
。

さくら	はねる	ほえる	ちる	うさぎ

4 ひらがなを かく②

てん

月　日

こたえ べっさつ10ページ

1 「゛」または「゜」の つく じを、なぞって かきましょう。 一つ4てん(20てん)

は ば ぱ

ひ び ぴ

ふ ぶ ぷ

へ べ ぺ

ほ ぼ ぽ

「゛」や「゜」は、じの みぎうえに かくのだ!

2 えに あう ひらがなを かきましょう。 一つ20てん(80てん)

えんぴつ

ぼ

て

み

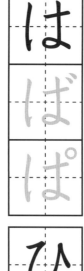

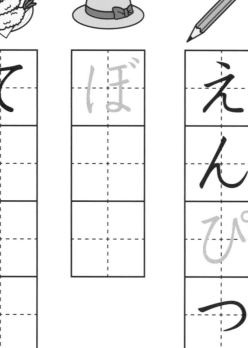

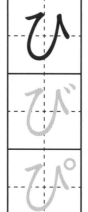

3

しを よむ①

こくご

てん

月 日

こたえ べっさつ11ページ

1 つぎの しを こえに だして よみましょう。（50てん）

あさがお

きのうは
おりたたんだ、
ちいさな かさ。

けさ はじめて
ひらいたんだよ。
たいようの した、
むらさきの ひがさみたい。

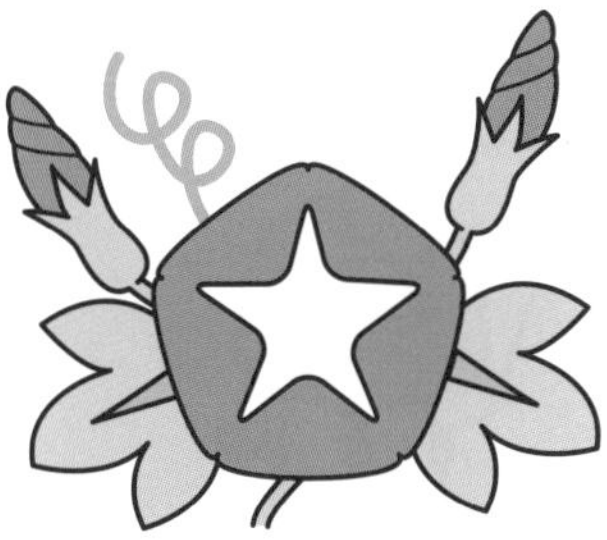

2 うえの しに あう、ぶんを つくりましょう。（50てん）

け□、
むら□□の
あ□□□が
□□いた。

かさと なにが にて いるのかな？

2 ぶんを つくる①

てん

こたえ べっさつ11ページ

月　日

1 えに あう ぶんを つくりましょう。

一つ25てん(50てん)

い□が
ほ□□。

と□が
□□。

2 えに あう ぶんを つくりましょう。

一つ25てん(50てん)

□□が
なく。

□□が
ひ□□。

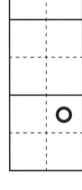

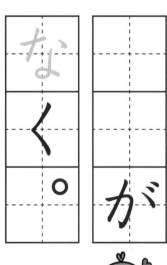

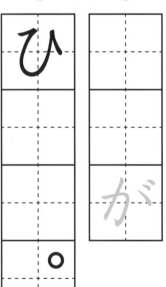

こくご

1 ひらがなを かく①

てん

月　日

こたえ べっさつ11ページ

1 えを みて、あいて いる □ に ひらがなを かきましょう。 一つ10てん(40てん)

□り → り□

□□か → か□□

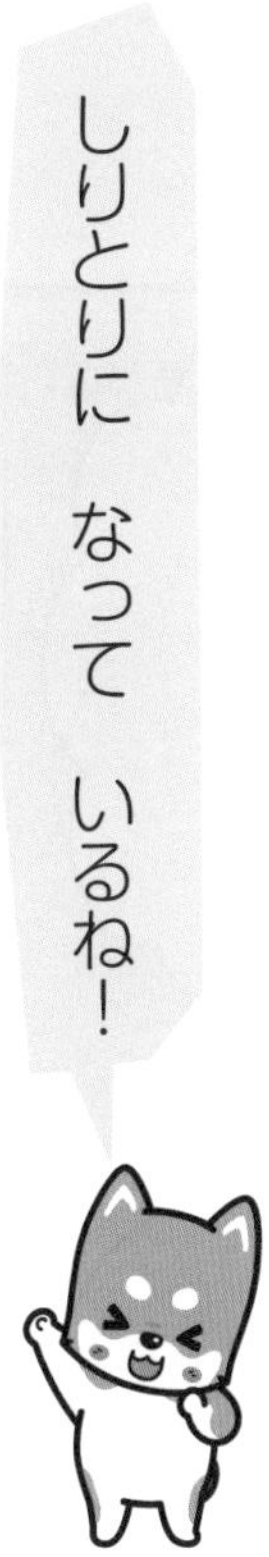

2 えに あう ひらがなを かきましょう。 一つ15てん(60てん)

□□りえ

□だか

あひ□

□う□く

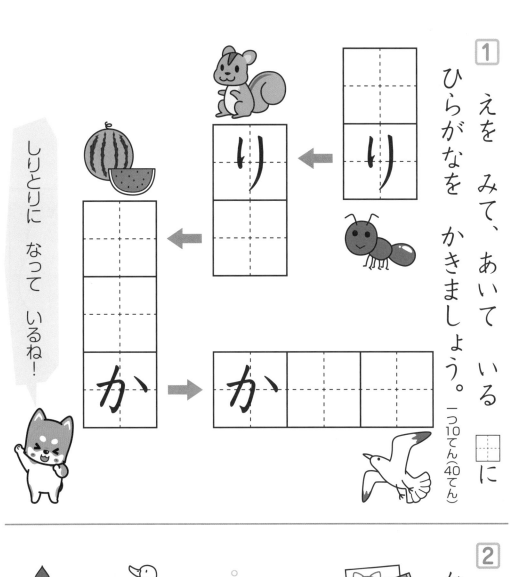

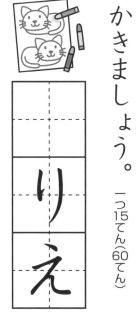

こくご

わーい
ウキウキ♡
なつやすみだ！
ふたりは　この　なつやすみに　どんなことを　がんばるのだ？
わたしは　ほんを　たくさん　よむつもり。
ぼくは　パイを　いっぱい　たべる〜。
ウフフ
それは　いつもと　いっしょなのだ。
パイを　たべたいだけ　でしょ。

初版
第１刷　2020年７月１日　発行
第２刷　2021年８月１日　発行
第３刷　2023年６月１日　発行

●編 者
数研出版編集部
●表紙デザイン
株式会社クラップス

発行者　星野 泰也
ISBN978-4-410-13752-5

チャ太郎ドリル 夏休み編 小学１年生

発行所　**数研出版株式会社**
〒101-0052 東京都千代田区神田小川町２丁目３番地３
〔振替〕00140-4-118431
〒604-0861 京都市中京区烏丸通竹屋町上る大倉町205番地
〔電話〕代表 (075)231-0161
ホームページ　https://www.chart.co.jp
印刷　創栄図書印刷株式会社
乱丁本・落丁本はお取り替えいたします　230503

チャ太郎ドリル　夏休み編　小学一年生　こくご

もくじ

さんすうは
はんたいがわの　ページから
はじまるよ！

こたえ

1 かずと　すうじ①　2ページ

1

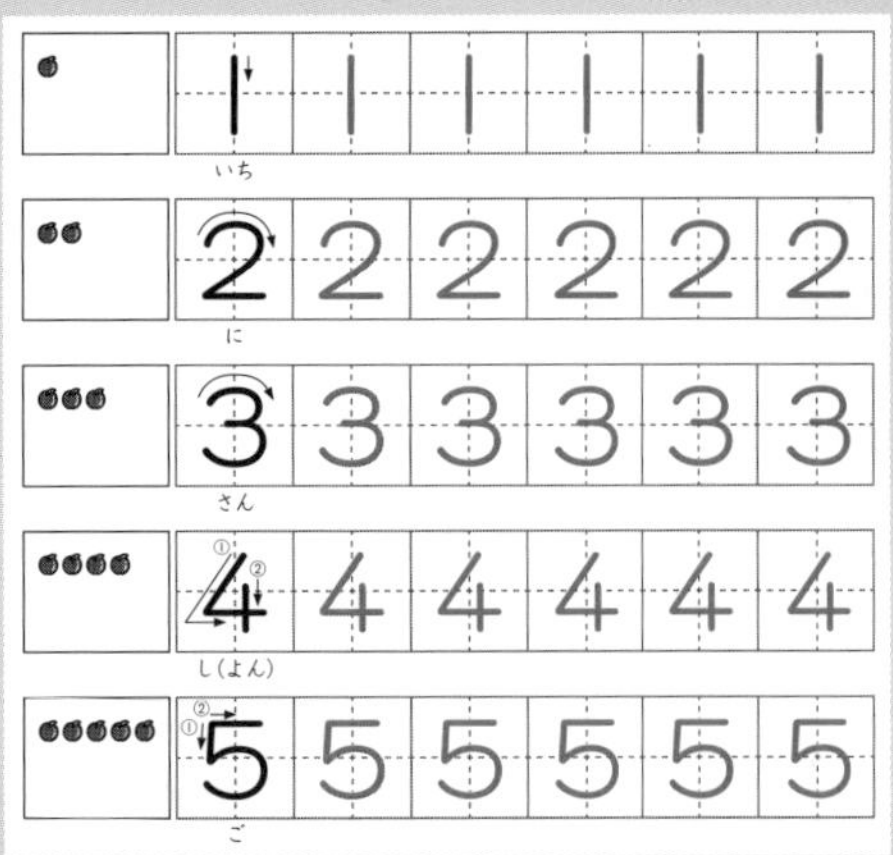

2　① 3　② 4　③ 5
④ 1　⑤ 2

かんがえかた

1 書き始めの位置に注意しましょう。

2 ものの数を数字におきかえる問題です。「1，2，…」と声に出して数えましょう。

2 かずと　すうじ②　3ページ

1

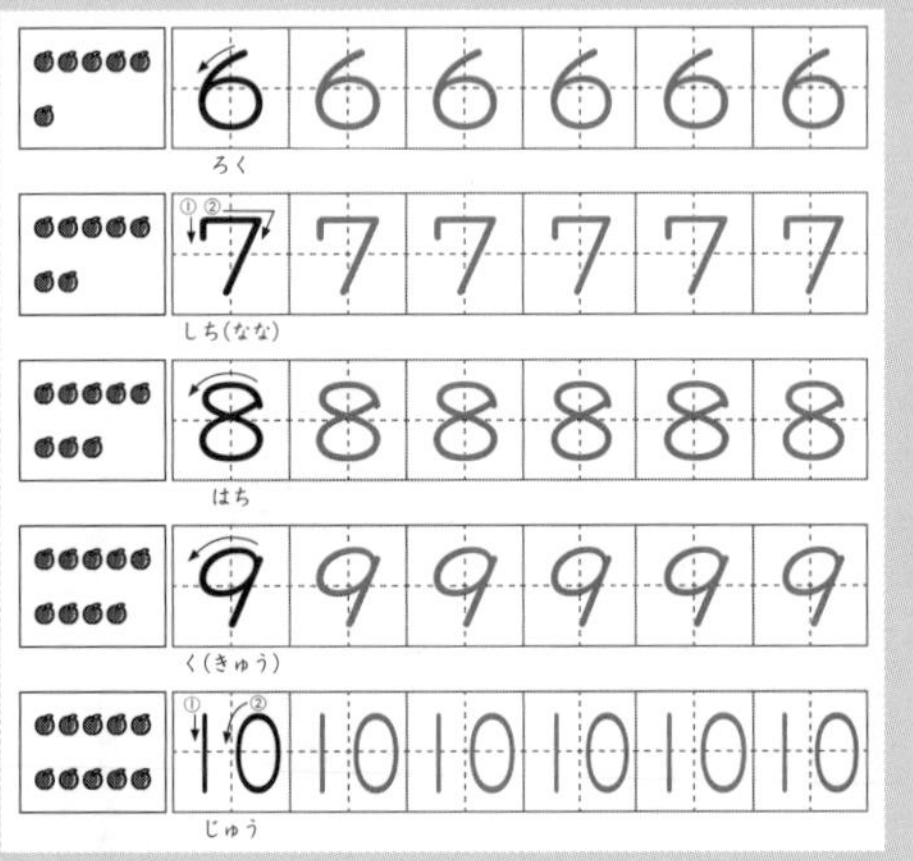

2　① 8　② 6　③ 9
④ 10　⑤ 7

かんがえかた

1 正しい書き順で書けるようにしましょう。

2 しるしをつけながら，1つずつ数えもれがないようにしましょう。

3 いくつと　いくつ①　4ページ

1　3

2　5

3　3

4

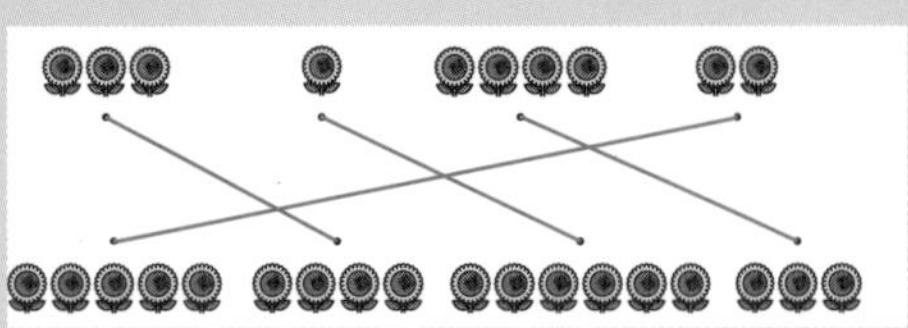

かんがえかた

1～3 1つの数が，いくつといくつからできているか考えさせる問題です。たし算，ひき算の基礎になる学習ですので，絵を見ながら確認しましょう。

4 いくつといくつで7になるか考えさせる問題です。わかりにくい場合は，おはじきやブロックなどを使って考えましょう。

4 いくつと　いくつ②　5ページ

1　① 3　② 4

2　① 6　② 7

3　① 8　② 9

4　① 4　② 0

かんがえかた

1～3 数を分解する問題です。絵を見て正しい答えになっているか確認しましょう。

4「1つもない」ことを「0（れい）」で表せることを理解する問題です。

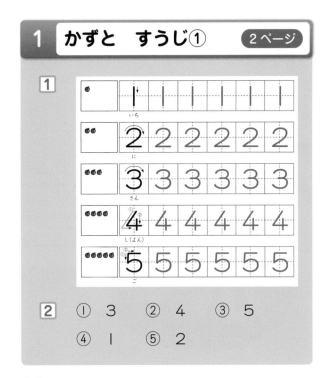

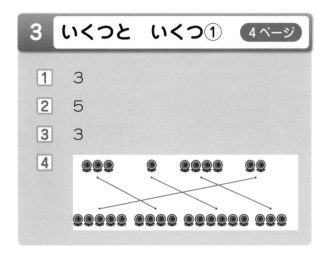

5 なんばんめ①

6ページ

1

①

②

③
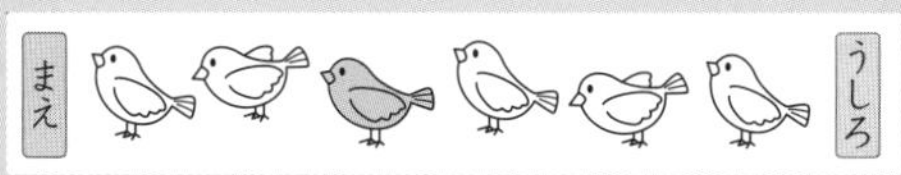

2　①　5　②　6

かんがえかた

1「3わ」と「3わめ」の違いを理解しましょう。どこから数えて，いくつか，または何番目か正確にとらえることが重要です。

前から3わ　● ● ● ○ ○
前から3わめ　○ ○ ● ○ ○

2「ひだりから」「みぎから」の意味が理解できているか問う問題です。

6 なんばんめ②

7ページ

1　①　2　②　1　③　1，4
2　①　6　②　ばなな

かんがえかた

1「うえから」「したから」の意味が理解できているか問う問題です。日常生活の中でも，「〜からいくつ」「〜から何番目」を取り入れ正しく使うことができるようにしましょう。

2どちらから数えるのかを確認しましょう。また，「〜から5番目は何か？」の問いにも答えられるようにしましょう。

7 たしざん①

8ページ

1　①　[しき] 2+1=3
　　[こたえ] 3ぼん
　②　[しき] 3+2=5
　　[こたえ] 5わ

2　①　6　②　8　③　8
　④　8　⑤　7　⑥　7

かんがえかた

1「あわせて」「ふえると」の場面は，たし算の式に表せることを理解しましょう。

①　●●　　●
　　2　　　1
　　↓合わせて
　　●●●
　　3

②　●●●　←　●●
　　3　　　2増えると
　　↓
　　●●●●●
　　5

2答えが10までのたし算の計算です。わからないときは，おはじきなどを使って実際に操作してみるとわかりやすくなります。

①　●●　●●●●
　2+4=6

②　●●●　●●●●●
　3+5=8

③　●　●●●●●●●
　1+7=8

④　●●●●　●●●●
　4+4=8

⑤　●●●●●　●●
　5+2=7

⑥　●●●●●●　●
　6+1=7

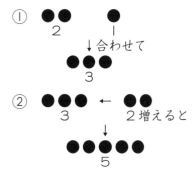

8 たしざん②　9ページ

1　[しき] 3+5=8
[こたえ] 8こ

2　[しき] 4+2=6
[こたえ] 6ぴき

3　[しき] 6+4=10
[こたえ] 10にん

かんがえかた

1「あわせて」の場面は，たし算の式に表せることを理解しましょう。

●●●　●●●●●
3　5
↓合わせて
●●●●●●●●
8

2「あとから2ひき」きて「ぜんぶでなんびき」になるかを求める問題なので，たし算の式で表せることを理解しましょう。

●●●●←●●
4　2増えると
↓
●●●●●●
6

また，記号「＋」「＝」を使い，式が正しく書けているか確認しましょう。

3「みんなで」の場面もたし算の式で表せることを理解しましょう。

●●●●●●　←　●●●●
6　4増えると
↓
●●●●●●●●●●
10

9 ひきざん①　10ページ

1　①　[しき] 4−2=2
[こたえ] 2だい
②　[しき] 5−3=2
[こたえ] 2こ

2　① 2　② 3　③ 4
④ 8　⑤ 4　⑥ 1

かんがえかた

1「のこりはいくつ」や「ちがいはいくつ」を求める場面は，ひき算の式に表せることを理解しましょう。

①
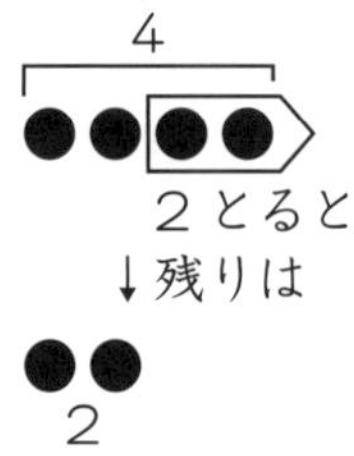

②
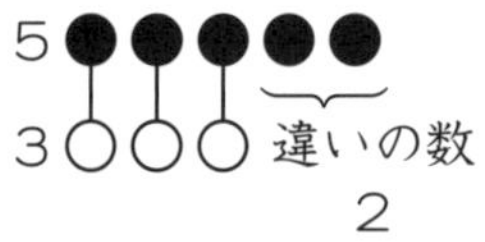

2（1けた）−（1けた）や，10−（1けた）の計算です。たし算にくらべ，ひき算はつまずきやすいので注意しましょう。

①

3−1=2

②

5−2=3

③

8−4=4

④

10−2=8

⑤

7−3=4

⑥

6−5=1

10 ひきざん② 11ページ

1 [しき] 8−5=3
[こたえ] 3まい

2 [しき] 6−3=3
[こたえ] 3ぼん

3 [しき] 10−4=6
[こたえ] 6こ

かんがえかた

1「のこりはいくつ」の問題なので，ひき算の式で表します。ひかれる数が大きいときは，ブロックを使って確認しましょう。

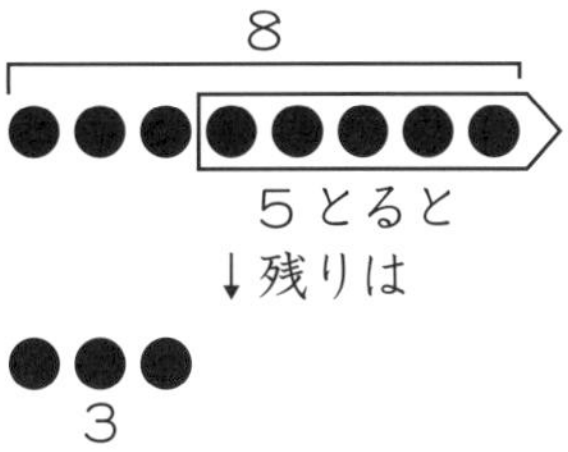

2「ちがいはいくつ」の場面もひき算の式で表すことができます。「あかいはな」と「きいろいはな」を1対1に対応させて線でむすび，残りを数えてもよいでしょう。

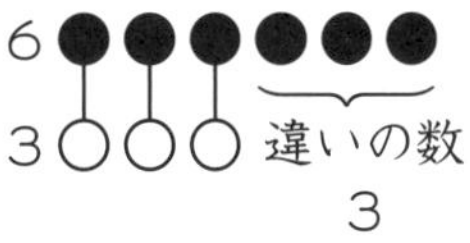

3「なんこおおい」や「ちがいはいくつ」など差を求める場面ではひき算で表すことを理解しましょう。文章から状況を想像し，式に表せるようにしましょう。

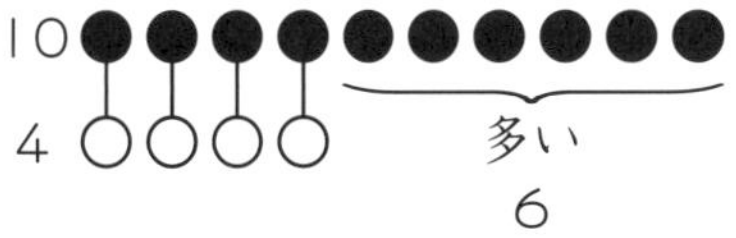

11 まとめもんだい① 13ページ

1

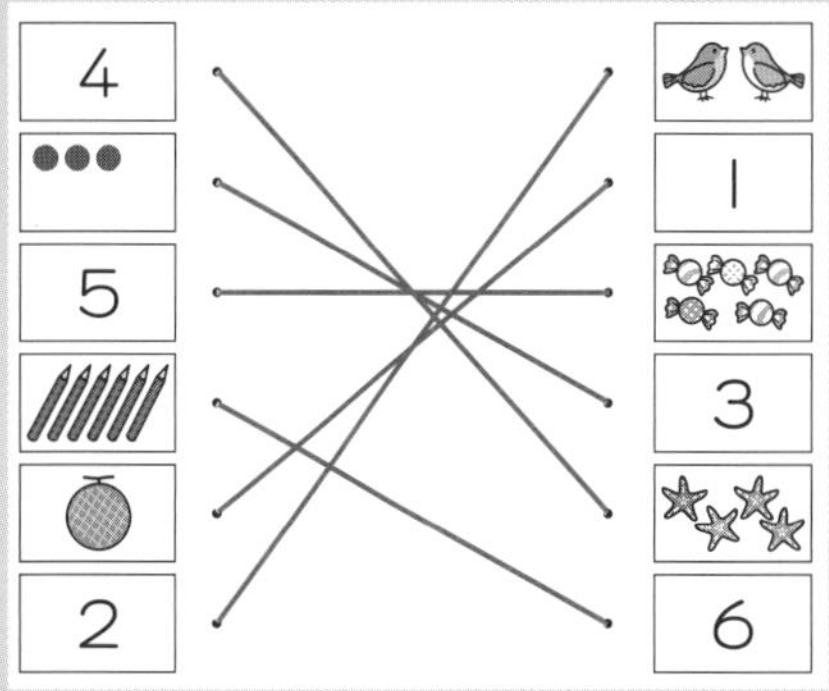

2 ① 7 5 （○）（　）

② 8 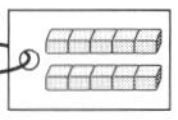 （　）（○）

3 7，9

かんがえかた

1ものの数を数字におきかえる問題です。「1，2，3，…」と声に出して数え，その数に合った数字がどれか確認しましょう。

2 10までの数の大小が判断できるようにしましょう。わからないときは，ブロックを使って大小を理解しましょう。

3数の順序や大小を理解する問題です。右にいくにつれ数が大きくなることを確認しましょう。

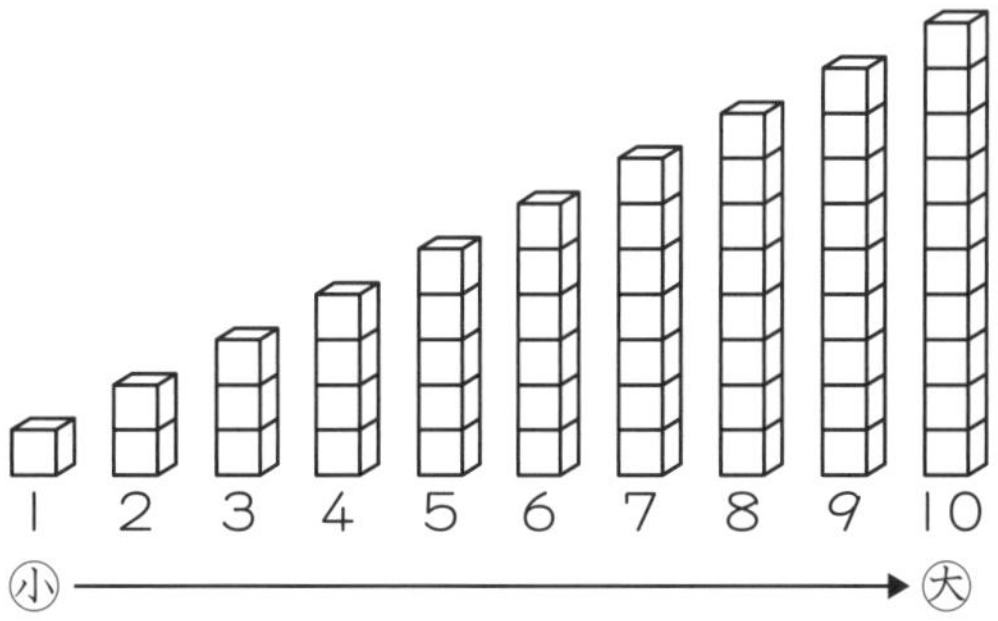

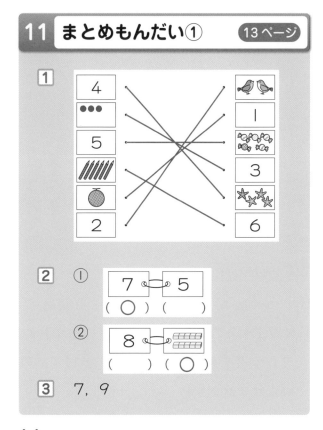

12 まとめもんだい② 14ページ

1 ① 2　② 4　③ 6
④ 2　⑤ 5　⑥ 3

2 4こ

3 ①

②

かんがえかた

1 1つの数を2つの数に分解する問題で，くり上がりのあるたし算の基礎になります。ブロックを使って2つの数に分けて，確認させましょう。

2 おはじきが10こあり，片方の手のひらには6こあります。10を2つの数に分けると，6といくつになるか考えましょう。

3 前から「5にん」は，人の数を表すので，5人全員を丸で囲みます。後ろから「5にんめ」は，順番を表すので，5人目の1人を丸で囲みます。「〜からいくつめ」や「〜からいくつ」の表現に慣れましょう。

13 まとめもんだい③ 15ページ

1 ① 4　② 8　③ 6
④ 10　⑤ 5　⑥ 5

2 [しき] 6+3=9
[こたえ] 9ひき

かんがえかた

1 答えが10までのたし算の問題です。おはじきやブロックを10こ用意し，正しく答えられるか確認しましょう。

⑥0は何もないということなので，0に数をたすと，答えはたした数になります。

2 合わせた数を求めるので，たし算の式で表します。「+」や「=」を使って式が書けているか，確認しましょう。

14 まとめもんだい④ 16ページ

1 ① 2　② 3　③ 3
④ 6　⑤ 1　⑥ 2

2 [しき] 5−2=3
[こたえ] 3びき

かんがえかた

1 10までの数のひき算です。計算が難しい場合は，おはじきやブロックを使って，答えを求めましょう。

2「のこりはいくつ」の場面は，ひき算の式で表します。「−」や「=」を使ってきちんと式が書けているか，確認しましょう。

10までの数の構成や，10までの数のくり上がり・くり下がりのないたし算・ひき算は，算数の基礎となる内容です。まちがえたところはもう一度見直し，理解するようにしましょう。

こくご

13 しを よむ② 18ページ

1

① おうち

② あかちゃん　つみき

だいくさん　かなづち

きつつきさん　くちばし

かんがえかた

1 詩を声に出して読んで、「とんとん」「とんとんとん」「とんとんとんとん……」の音の大きさや、リズムの違いを比べてみましょう。それぞれ誰が何をしている音か、主語を表す「が」に着目してとらえましょう。

14 ぶんしょうを よむ③ 17ページ

1

① おとうさん
はなび

② はな

かんがえかた

1 ①ぽんたはお父さんと人間の住む町を見下ろすことができる丘の上に来ました。ぽんたが何をして、何を見たのか、順を追って確認しながら読み進めましょう。

②「はなび」を見たぽんたは、「はなみたい」と言っています。

似た形のひらがなは、書きまちがえやすく、注意が必要です。まちがえたところは、もう一度声に出して書き直しましょう。

10 ひらがなを　かく④　22ページ

1 おにいさん　ふうせん　おうさま　とけい

2 でんしゃ　しょうゆ　きゅうり　じゅぎょう

かんがえかた

1「おうさま」は「オー」と伸ばす長音ですが、「おおさま」とは書きません。「とけい」も「エー」と伸ばしますが、「とけえ」とは書きません。

2 拗音《ようおん》「ゃ」「ゅ」「ょ」はマス目の右上に小さく書きましょう。

11 ひらがなを　かく⑤　20ページ

1 (に)らめっこ → こっき → きって → てっき(ん)

2 ① き　② ゅ　③ ょ　④ こ　⑤ ゃ

かんがえかた

1 まずは促音《そくおん》「っ」に気をつけて声に出して読み、しりとりを完成させましょう。

2 絵を参考に、上から、左からの両方から読んで、言葉を当てはめましょう。拗音《ようおん》を書く位置に気をつけましょう。

12 ぶんを　つくる④　19ページ

1 う・ゃ・よ・へ　　っ・お・を

2 れい　ぎょうざを　たべる。

れい　はっぴょうを　する。

れい　にんじゃが　はしる。

かんがえかた

1「きのう」は「オー」と伸ばす長音ですが、「きのお」とは書きません。「を」と「お」の違いにも注意しましょう。「(びよういん)へ」は、「(びよういん)に」でも正解です。

2「にんじゃははしる。」などでも正解です。

7 ひらがなを かく③ 25ページ

1
(は)っぱ

2
ざっし
ほっぺた
がっこう
らっこ
はらっぱ
がっき

かんがえかた

1 絵の言葉を声に出して読んでみましょう。また、小さい「っ」はマス目の右上に書くようにしましょう。

2 小さい「っ」と、普通の「つ」の読み方の違いに注意しましょう。「がっき」は、絵に気づかず、「学期」ととらえていても構いません。

8 ぶんを つくる③ 24ページ

1
は
を
は
へ

2
① を
② は
③ を・へ
④ は・を

かんがえかた

1「いぬへはしる。」としたお子さんには、「いぬのところへはしる。」なら正しい文であることを確認しましょう。「は」「を」「へ」を順番にあてはめてみましょう。

2「へ」は、「……のところへ・……の方へ」という意味です。

9 ぶんしょうを よむ② 23ページ

1
① へ
は
② ひるま

かんがえかた

1 ①文章中で、同じ内容が書かれているところに着目します。
②晴れているのに、月が見えない夜があることを確認して、その理由が書かれている「じつは、……」で始まる文に着目しましょう。

4 ひらがなを　かく② 28ページ

1 （省略）

2 （えん）ぴ（つ）　ぼうし　（て）んぷら　も（み）じ

かんがえかた

1「は・ば・ぱ」のように、順に口に出して読んでみましょう。

2濁点「゛」や半濁点「゜」が、ひらがなの右上に書けているか、確認しましょう。「もみじ」の「じ」は、「はなぢ」などとは違って、「じ」と書きます。

5 ぶんを　つくる② 27ページ

1 こどもが　はしる。　あめが　ふる。

2 さくら（が）　ちる。　うさぎ（が）　はねる。

かんがえかた

1絵を見てどんな場面かを確認し、文を声に出してから書きましょう。濁点の位置に注意します。

2「さくらが」に続くのは、「ちる」しかないこと、「うさぎ」は普通、「ほえ」ないので、「はねる」が入ることを確認しましょう。

6 ぶんしょうを　よむ① 26ページ

1 ① ぱんだ（さんからの　てがみ。）

② いつ　どようび　どこで　たんぽぽ（の　ひろば。）

かんがえかた

1①「○○へ」には、手紙を受け取る人の名前が入ること、「△△より」には、手紙を書いた人の名前が入ることを、確認しましょう。

②濁点や半濁点の位置に、注意しましょう。

こくご

1 ひらがなを　かく① 31ページ

1
あ（り）
↓（り）す
↓すい（か）
↓（か）もめ

2
ぬ（りえ）
め（だか）
（あひ）る
ろ（う）そ（く）

かんがえかた

1 絵を見て、正しいひらがなを書きましょう。矢印の方向に読んでいくと、しりとりになっています。

2 形の似ている「ぬ」と「め」、「る」と「ろ」、「ろ」と「そ」を、それぞれ正しく書けるようにしましょう。

2 ぶんを　つくる① 30ページ

1
（い）ぬ（が）
（ほ）える（。）

2
とり（が）
とぶ（。）
ねこ（が）
な（く。）
ほしが
（ひ）かる（。）

かんがえかた

1 「……が（～する）。」という文を作る練習をしましょう。誰（何）がどうする絵なのかを確認してから、文を作るとよいでしょう。

2 マス目の数にちょうど合う言葉を見つけるよう、マス目の数を意識しましょう。

3 しを　よむ① 29ページ

1
（省略）

2
（け）さ（、）
む（ら）さき（の）
あさがおが
ひら（いた）。

かんがえかた

2 「おりたたんだ、ちいさな　かさ」は朝顔のつぼみ、「むらさきの　ひがさ」は朝顔の花を指しています。詩の内容をつかみましょう。イラストを参考に雨傘と日傘の違いについて、お子さんと確認してもよいでしょう。

こたえ

小1